World of Science

現代化學 I
改變中的傳統概念

Designing the Molecular World

Chemistry at the Frontier

By Philip Ball

鮑爾／著　蔡信行／譯

作者簡介

鮑爾（Philip Ball）

鮑爾是專業科學作家、《自然》期刊顧問編輯，也是倫敦大學學院化學系的駐校作家。

他曾任國際知名的《自然》期刊的物理編輯長達十餘年，現在也定期為《自然》的「Nature Science Update」專欄撰寫科學新知，他的科學文章散見國際知名報章雜誌如：《新科學家》（*New Scientist*）、《泰晤士報》（*Time*）、《金融時報》（*Financial Times*）、《紐約時報》（*New York Times*）等。他的科普作品有《看不見的分子》（中文版由天下文化出版）、《*Made to Measare*》、《*Life´s Matrix*》、《*The Ingredients*》等書。

鮑爾的學經歷橫跨化學與物理兩界，他是牛津大學化學系榮譽畢業生，英國布里斯托大學物理博士。他目前居住於倫敦，並經營 Homunculus 劇團，專門演出介紹科學奇妙世界的劇碼。

譯者簡介

蔡信行

台灣大學化學工程系畢業、美國卡內基美隆大學（Carnegie-Mellon University）化學碩士、化學博士。

專長為石油化學、高分子化學及物理、流變學。歷任中國石油公司企劃處副處長、研究發展委員會執行祕書、靜宜大學及東海大學兼任副教授，現為台灣科技大學化工系兼任教授。

著有《石油產品及其應用》、《聚合物化學》、《石油及石化工業概論》、《替代燃料與再生能源》等，譯有《數學遊樂園之觸類旁通》（牛頓出版）、《從地球看宇宙》（寰宇出版）、《凝體Everywhere》、《生物世界的數學遊戲》、《國民科學須知》（天下文化出版）。

現代化學 I ——改變中的傳統概念

這本書並不是要發起什麼改革運動。
只想呈現出當代化學家從事的研究，
讓大家明白「現代化學」的真實面貌！

化學都把原子當成堅實的球體，
原子以各種排列方式相黏，形成不同物質，
構築出我們的日常世界。

目錄

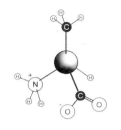

在很多重要的工業製程中，
要加入相當神秘的「促進轉變物質」，
它會啓動反應，沒有了它，反應就開始不了。

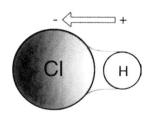

化學家渴望看到真正的分子，
他們想親眼看到分子在空間中穿梭，
現在，化學家已經找出方法了。

有的固體是原子以特定組塊，規律堆積而成。
也有些固體組成的原子或分子，是亂堆一通，
物體中每一個部分都不一樣。

▌第 2 部　新產物，新功能

第5章：賓主融洽的反應
──分子辨識與自組裝

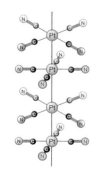

第6章：有機分子也能導電
──有機電子學

第7章：又軟又黏的膠體
──神奇的自組裝膠體

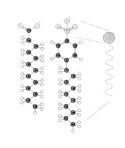

▋第 *3* 部　化學是一種過程

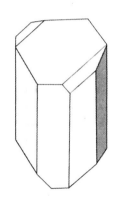
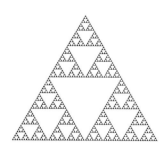
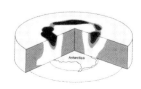

前 言

何謂現代化學?

只懂化學的人,其實連化學也不懂。

——利希藤貝格★

★
利希藤貝格（Georg Christoph Lichtenberg, 1742-1799）,德國物理學家與哲學家,以諷刺警世格言傳世。

◆
《歡樂校園》（*Down With Skool!*）是英國1950年代的童書,作者為魏蘭斯（Geoffrey Willans）,插畫作者是薛爾（Ronald Searle）,書中的主人翁是個調皮搗蛋的小男孩,名為莫爾斯渥司（Nigel Molesworth）。

如何逃避科學

想逃避科學課,只要等到硫酸之類的老式有毒藥品上場,就行啦。科學老師通常都頭也不抬,就說:誰也不許碰試管內的東西。

把幾可亂真的假酸液試管,擺在裝著酸液的試管旁邊。老師開始咚嚨咚嚨講起課來。你猛然跳起來大叫:「老師!老師!我再也支持不住了!」

接著喝入假酸液,昏倒裝死。千萬注意,如果拿錯試管,就不是裝死,而是真的死翹翹了。

——魏蘭斯與薛爾《歡樂校園》◆

即使是莫爾斯渥司這個最調皮搗蛋的學童也坦承，學一點化學偶爾還真的派得上用場。

看似無聊的學問

化學和其他科學相比，算是最沒有魅力的科學了。

物理學家總是在思考宇宙最深的奧秘：萬物從何而來？將如何變化？物質是什麼？時間是什麼？物理學呈現出科學中最抽象的一面；而當物理學家以巨型望遠鏡搜索天空，尋找宇宙回聲、用直徑長達數公里的粒子加速器使次原子粒子互相撞擊，蒐集線索找出世界是由什麼組成的，則展現出科學的深度與廣度。

生物學家對付的問題則是與生死相關。他們要研究如何對抗人體的數千種遺傳疾病，或努力去瞭解海中的一團膠如何演化成今日的人類。地質學家勇敢面對猛烈的火山和地震；海洋學家探究世界神秘的深淵。

而化學家在做什麼？

這個嘛，他們在製造油漆等亂七八糟的東西。

也許有人覺得製造油漆的過程，大概就跟看著它乾掉一般無趣。但事實並非如此，我希望這本書的內容能讓你信服，它是一門精細巧妙的技藝。

如果還想多知道些油漆的引人之處，我還可以提到油漆與活細胞、肥皂泡、肌肉組織以及塑膠的許多共通點。製造油漆沾到了化學的一角，充滿了無從想像的驚奇，可以用來清楚說明：瞭解物質的化學本性，如何幫助我們塑造、控制世界的形體。

老實說，當很多科學還與神秘難測的事件相連時，化學早已是日常生活的一部分，從植物生長、雪花成形、火焰燃燒中，都可

以體驗到化學。

　　化學研究一向給人平淡乏味的印象，關於這一點老實說，化學家自己該負一些責任，很多化學家似乎默認，他們的研究雖然有價值，但滿無趣的。低期望倒真的讓化學家一開始就遭遇到種種窒礙。〔牛津大學對化學家的挪揄，認為他們（八成是男性）是蓄著長髮，兩手髒兮兮，陰鬱的笨蛋。可能還狂灌啤酒，像是社交場合上的大猩猩。〕甚至化學家經常會謙虛到了一種沒有安全感的程度。他們在研討會中常說：「這個結果為什麼會這樣，我不太清楚，這可能需要物理學家來解釋。我最大的貢獻，就是合成出這些化合物。」

化學中見世界

　　我寫這本書並不是要發起什麼改革運動，而只是想真正的呈現出當代化學家從事的研究，讓大家明白「現代化學」不再只是把試管倒來倒去、氣味叫人受不了的工作（雖然偶爾不免還是如此）。能做到這點，我就很滿意了。

　　要瞭解現代化學，我們必須先對基本的化學原理有一點認識，也要稍微知道一些跨學門的觀念，如遺傳學、氣候學、電子學和混沌等研究。

　　《現代化學 I、II》絕不是教科書：它並沒有完整說明全部的化學觀念，而且在介紹一些傑出的研究時，也不以精確的科學語言來描述。我只想讓讀者明白，要發現世界的奧妙，觀測恆星與研究演化論不是僅有的指望；事實上，從洗碗精、樹葉、車子的觸媒轉化器中，都可以一窺其妙。

最古老的年輕科學

　　1950年，著名的美國化學家鮑林★說：「化學是一門年輕的科學。」

　　雖然化學早在古老的中國、巴比倫、或更早就存在了，但鮑林的論點是可以理解的。在1950年的時候，離搞清楚原子的結構，不過幾十年而已，對於原子這個化學家愛用的基本素材，才剛有初步的瞭解；而俄國科學家門得列夫（Dmitri Mendeleev, 1834-1907）繪製的化學元素週期表，也才只有81年的歷史，甚至其中的一些空格，是近幾年才填滿的。但是在鮑林說過這句話的半世紀之後，化學是否仍然保持年輕活力？

日新又新

　　激發、指引今天大多數化學的原理、法則，已經大異於當初引發發鮑林做出評論的那些原理、法則了。新的化學不太能劃分成像傳統化學那樣的領域。大學裡教的化學仍然常按傳統，分成物理化學、有機化學和無機化學◆。但是現在很少有化學家能宣稱，他們單純只研究某個領域的化學：嶄新的化學概念與分類不斷冒出，研究人員根據這些新概念與分類，重新定義自己的工作。

　　我在下面幾頁中，列出的一些概念與分類，其實還不完全，我提到的這些觀念，會在書中不斷的出現，而且常常串聯起原本完全不相干的研究。在閱讀《現代化學I、II》時，能先記得這些觀念，會有些幫助。

★
鮑林（Linus Pauling, 1901-1994），美國物理化學家，1954年諾貝爾化學獎、1962年和平獎得主。

◆
事實上，大學的化學是分成四個領域，除了前面所提的有機、無機、物理化學外，還有分析化學。

材　料

　　也許有很多人對塑膠時代的到來，感到悲傷。然而塑膠時代明確宣告，我們可以設計更合乎需要的新材料，而不必勉強以天然物做成的材料來打發。

　　現在的塑膠性質似乎五花八門，應有盡有：它們的抗張強度可與鋼鐵比擬，可以溶於水中或以微生物分解，可以導電、變色、像肌肉一樣收縮彎曲。塑膠通常是含有碳鏈的「聚合物」分子；同時，以矽和氧為基的聚合物，可用來製成新型態的陶瓷材料，或在硬度和強度上都有突破的「人造岩石」。

　　近年來材料科學會變得超級熱門，得歸功於大家終於體認到，只要摸清楚材料結構的分子組成，就能設計出在工程上有用的性質。現在我們已經能夠操弄個別原子來合成出材料，這種能力為半導體微電子學開創了新機，也為仿造設計精巧的自然材質，做出人造骨頭或外殼等，帶來了契機。

　　還有，當我們有能力改進並控制材料的微觀結構，化學有時還會陸續帶來意外驚喜——產生新材料，例如稱為富勒烯（fullerene）的碳籠（carbon cage），或是稱為準晶（quasicrystal）的金屬合金。

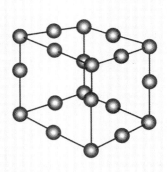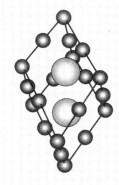

電子學

　　我是不是曾提過塑膠也可以導電？

　　沒錯，我們不僅知道這個性質，而且也應用在電子零件上了。現在已經發現很多種類的合成化合物，都擁有類似金屬的導電性，有些甚至還顯現引人注目的超導體性質，即具有零電阻的導電性。磁體也可以不含一點金屬，而以含碳和氮的分子為主要成分，使磁體幾乎像是有機物了。

　　看起來，整個電子工業很有可能不再需要金屬或矽之類的傳統半導體。有些人的終極夢想，是用個別的分子來建造電路，利用導電的分子線路，連結原子大小的成分，成為極為緊密的「分子零件」。

　　另一種想達到分子電子學的提議更大膽：以非傳統材料來製造傳統的微電子元件，也就是把熟悉的二極體和電晶體擺在一邊，而從自然界中尋找靈感。例如，光合作用時，生物體內細胞的微電流在各個分子間流通，此時其他的生物分子則調節電流，作用有如縮小的電子元件。瞭解了這些天然元件的作用機制，就能開啟「有機電子學」的大門。

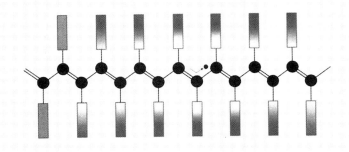

自組裝

　　如果要像前面「電子學」提到的，一次移動一個分子，建構出分子結構，則工程師對微型世界的操控要更精確、運作速度要更快才行。

　　但是除了做苦工把分子一個一個接上去之外，還有一種替代法：就是讓分子自己進行組合。這就好像是希望一堆磚塊突然自己疊成一座房子；然而分子組合的形式又比磚塊多。譬如，肥皂分子可以同時聚集成各種複雜的結構，包括片狀、層狀以及像人造細胞般的薄膜。其他有自我組織能力，形成各種規則排列的有機分子，我們稱之為液晶。

　　我們對分子間交互作用的方式摸得愈清楚，就更有能力對分子進行規劃，讓它們自行組裝這些錯綜複雜的結構。

　　這裡再度顯現，我們要以大自然為師的地方還多著呢，大自然中有很多分子，都可用獨特且有規律的方式，識別、組織其他分子。在大自然裡或實驗室中，如果分子能夠「辨識」與「自組裝」，就有可能以分子的各個結構，組成完整的分子；也就是有可能進行「複製」。

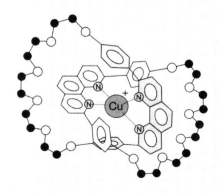

複　製

　　生物體的主要特性之一，就是能夠自我複製。

　　進行複製並不需要特別的智能，光靠化學作用就可以達成目的。從 1953 年發現 DNA 的結構之後，對化學複製如何進行，就開始有了瞭解。DNA 複製時，進行複製的單股 DNA 分子，功能就像「模板」，利用模板就可以裝配出完整的複製品；這種裝配過程牽涉到「互補」，也就是進行複製的分子把自己當鷹架，裝配上各個互補的配對單位，完成 DNA 的複製。

　　目前很明顯，不是只有 DNA 這麼複雜的分子才能進行複製。小分子和分子組合，已經可以在試管中進行複製。在某種意味上，這些分子代表著，我們朝「人造生物」之路邁出了第一步。

　　但是這些合成複製所使用的起始物，一般來說與最終產物的差異並不大，這些複製並不是從頭做起，而只是加速最後階段發生的複製作用而已。因此，要真正的合成出生物，還有很長的路要走。

　　不過，1982 年發現，與 DNA 有關的 RNA，自個兒就可以耍「複製」的把戲（不需要 DNA 等大批分子的協助），也許提供了極重要的線索，可以說明為什麼只靠化學反應，就能產生生命。

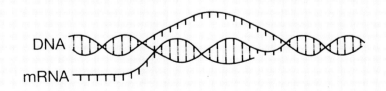

DNA
mRNA

特異性

　　化學反應常會產生一大堆副產物，要從中萃取出想要的東西，通常都麻煩極了。但是人體內進行的生物化學反應，卻根本不會發生這種情況。人體內的每個反應，通常都只產生一個所要的產物。雖然現在我們的化學合成法仍然笨手笨腳的，也不要放棄希望，有朝一日，我們應可讓化學合成法達到與生物體的反應相同的境界。

　　事實上，運用在生物上發現的「分子辨識」原理，我們的合成手法也愈來愈熟練。我們正在想辦法使化學反應有特異性。

　　生物化學能有特異性，酵素類的分子扮演重要的角色。雖然我們對酵素的作用機制，仍然一知半解，但仍設計出許多有酵素特質的合成分子。

　　同時，化學工業正學習利用酵素靈敏的化學控制性，讓酵素在「生物反應器」中作用；如此，化學工廠利用生物技術，才能製造出複雜的醫藥產品，否則單靠人力智慧是辦不到的。

　　此外，石油化學公司也發現，「沸石」之類的礦物具有簡單的「固態酵素」功能，有助於從原油中萃取出有用的產品。

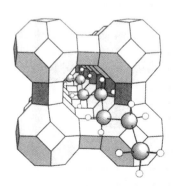

從原子觀察

　　化學變化的發生，僅在一眨眼之間。在化學反應過程中，兩個分子互相作用的時間，可能就只有幾兆分之一秒而已。

　　過去要知道分子間真正的作用情形，是極端困難的，但是現在已有一些方法，可以用底片捕捉住這些短暫瞬間。在分子作用時，發射出成千上萬的不連續雷射脈衝光，就可以及時捕捉住分子運動的影像。目前，我們可以觀察到分子在打滾、撞擊及形成新的原子排列時的轉變。

　　同時，顯微鏡讓我們看到物質中，個別原子的狀態。這類的顯微鏡已不再用光線而是使用電子來得到物件的影像，這些物件的體積，只有針頭的幾百萬分之一。

　　晶體中規則堆疊的原子晶格、液晶薄膜中規則堆疊的分子或是 DNA 的雙螺旋，這些影像都是用這種新型的顯微鏡來顯像的。

非平衡態

　　自然界中有很多複雜的形狀，從雪花到植物的根與葉等，一向都使自然科學家迷戀又困惑。

　　最近的發現更讓人驚訝：形成複雜模式的過程，不一定需要高階的控制機制；這些複雜的模式可以在系統中自動形成，顯然毫不受拘束。

　　系統在完全不平衡之下，不一定會淪為不規則狀態，也許在適當的條件下，它們會自行組織成大型模式，既錯綜複雜，又完美對稱。其中一例就是稱為準晶體的「禁制晶體」（forbidden crystal）；另外有些展現出所謂「碎形」（fractal）的性質，也就是不管如何放大詳看，圖形都是同一個樣子。

　　不平衡的系統常常會表現出動態的變動模式，並持續保持如此，即使系統一直在改變也一樣。非平衡的化學反應產生了連鎖的化學波，像是螺旋狀的漩渦或池塘中激起漣漪。

　　在非平衡系統中，通常會先出現振盪、週期性的行為，接著產生完全不可預測的情形，也就是「混沌」（chaos）。現在，在某些化學反應中，已經可以偵測到混沌的特徵。

介尺度化學

我們對「巨觀尺度」與「微觀尺度」的化學程序，已經瞭解得相當透徹。巨觀尺度就是指，在這個尺度下的東西，我們看得到也摸得到；而微觀尺度指的是分子級的規模。

但是介於這兩者之間的「介尺度」（mesoscopic scale），也就是大小從數千原子到數千個細胞的範圍，仍屬於未知的領域。千餘個分子組合後的行為，會像大塊材料還是像個別的分子？答案常常是兩者皆非：在這種規模下，看到的可能是全新的性質。

最新的技術可以誘發分子「自組成」成為大型結構，例如人造薄膜或是規則的液晶陣列等，開啓了介尺度的研究領域。我們也可以把原子蒸氣凝結成原子簇，原子數目可隨意控制，從只有 3、4 個原子到數千個原子不等。用這種方法可以觀察到，系統從分子狀態發展成塊狀固體時性質的改變。

自組成分子有時會在原子數目達「魔術數字」時卡住，而呈異常的穩定狀態，至於為什麼會如此，原因還不是很清楚。其中碳原子簇的例子特別有意思，它們可以排成大小相當特定的中空的碳籠。這些碳籠對於化學、電子和材料科學，提供了全新的研究方向。

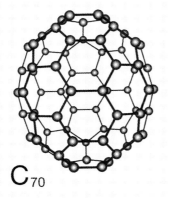

C_{70}

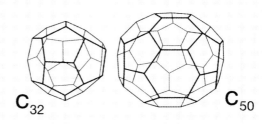

C_{32}　　C_{50}

能量轉換

　　很多化學反應都會產生能量，而且能量形式通常為熱能。自從人類馴服火種以來，我們就已經可以利用能量獲益；然而值得注意的是，今天我們產生能量的主要方法，仍是利用如同燃燒般粗糙且沒效率的化學程序。

　　利用電池把化學能轉換成電能，是較直接的方法，但是電池的價錢不便宜，提供的電力也不足以應付大眾的需求。不管如何，新型態的電池正在發展中，希望能帶來新的應用：例如，成為車輛或人造衛星的動力來源。在沒有龐大輸出功率需求的地區，由體型小巧簡潔、重量輕盈的電池提供有效率、安全和便利的能量。

　　我們每天接收太陽數百萬千瓦的免費能量，但是幾乎找不到有效的方法，把這些能量儲存、轉化成更有用的形態。化學提供的答案是「太陽電池」：利用會吸光的材料吸收太陽能，再把太陽能轉化成化學能儲存起來，或直接轉變成電能來利用。最先進的太陽電池正在研究、學習大自然的太陽電池——植物體的光合作用中心。

感應器

　　快速、有效偵測出特定化學物質存在與否的能力，關係到生死存亡。

　　有毒氣體的外洩、監控身體血液中葡萄糖或麻醉劑的含量、測試食品中有害的化合物等，都需要敏銳可靠的感應裝置。很多化學感應器靠的都是電化學原理，藉由相關的化學物質引發電極上的電流或電壓變化。

　　現在正在發展的感應器，利用的是天然酵素的分子辨識能力，這種感應器對某些種類的生物化學品，反應很靈敏。同時，聚合物科學也提供有選擇性的塑膠薄膜，可以只讓某種分子通過，其他分子都不能滲透。

　　目前的感應器在某些特殊的情形下，已經可以偵測單一種分子，達到了測試靈敏度的極致。這樣的靈敏度，已經超過人體的主要化學感應器——鼻子的嗅覺系統了。

　　達到這種標準的感應器，是利用光譜儀來偵測，原理為分子與光的交互作用，優點是物質在非常遠的距離外，就可以偵測到，而不必與偵測器實際接觸。用這種方法，可以偵測到地球大氣層、或星際間與恆星大氣層中的化合物。

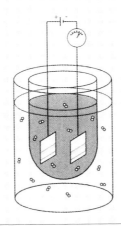

環　境

　　人類從生活在地球上開始，就不斷的傾倒化學廢物到河流、海洋、土壤和空氣中。現在快吃到破壞環境的惡果了，才不得已開始注意到環境中的化學成分。

　　從歐洲來的汙染會出現在北極的雪中；發電廠排放的廢氣會變成酸雨降落到地面；以前我們認為很穩定不有會危害的氣體，現在發現它們會侵蝕臭氧層。含碳化合物燃燒後產生的二氧化碳，會使地球變成悶熱的溫室。

　　我們已經搞清楚是哪些化學反應，造成這些環境危害，但它們對地球生態和氣候的影響，還很難評估。不過從研究過去大氣層受純天然過程引發的化學變化，對地球溫度產生的影響情形，就可以找到線索。科學家正在研究冰泡裡抓住的古代空氣，與久遠以前沉積在海床上的沉積岩，各有怎樣的組成，試著從中瞭解大氣化學與氣候變遷的關連。

　　另外，也從找出大氣中與海洋裡金屬的循環路徑，來一探汙染物的傳輸途徑。研究人員也努力為那些會危害或弄髒地球的物品，找出較安全的替代品；例如，會破壞臭氧層的CFC（氟氯碳化合物）的替代品，或是細菌的分解的塑膠。

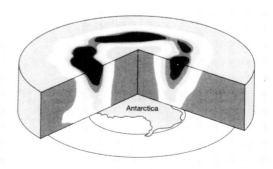

化學三部曲

《現代化學》共有兩冊，依內容分成三個部分。

《現代化學 I》討論的是化學的某些傳統研究，共有 4 章。第 1 章至第 4 章的內容分別為：構造與鍵結、熱力學與動力學、光譜學與結晶學。我希望在其中清楚說明，這種傳統是變動的傳統，它會促成原有的工具和概念進行改變，來迎接新的目標和挑戰。

科學中某些題材一旦完成階段性任務，就會遭到淘汰棄置，但是至少在這 4 章中提到領域裡，因為新的發現和先進的技術，能確保在未來的幾十年，這些「傳統」方法仍然是炙手可熱的。

在《現代化學 II》中，分為〈新產物，新功能〉與〈化學是一種過程〉兩個部分。在〈新產物，新功能〉的 3 章中，只有第 7 章的膠體化學，會勾起 1950 年代的研究人員一些回憶，但儘管如此，今天對膠體化學的研究也與 1950 年代大不相同了。

〈新產物，新功能〉主要介紹的是，對分子層面的瞭解增加，導致對化學反應和性質的看法全面改觀，並使化學銜接起與其他學科間的鴻溝，例如分子生物學、電子學、和材料科學等。簡而言之，〈新產物，新功能〉會探討化學研究的一些新功能。

在最後一部分〈化學是一種過程〉中，將討論一些我所謂的「化學是一種過程」的觀點。那就是說，在討論化學變化時，我不會著重產物、化學反應和交互作用的機制，而是拉高層次來探討這些化學過程產生的影響。生命本身就是早期地球上化學作用產生的結果（第 8 章）；自然世界成長和形態的複雜性，一定也是從簡單的化學過程中演變出來的（第 9 章）；我們的大氣、環境、和氣候很多重要的變化（第 10 章）其來有自，都有它化學轉變的源頭。

第 1 部

化・學
正・在・轉・變

原子如何連接

分子的結構

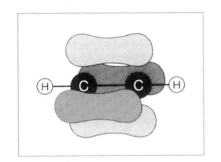

化學合成的創造力，比自然本身還要廣泛有力。

——伯西拉特★

★

伯西拉特（Marcellin
Berthelot, 1827-1907），法國
化學家，有機合成先驅之
一。

　　1989 年，美國哈佛大學的化學家，製造出稱爲「芫葵毒」（palytoxin）的極端致命調和製劑，它是已知最毒的天然化學物之一，也是史上最毒的人工合成物。不過，促成這種合成的背後並沒有什麼不良動機。哈佛的化學家想合成芫葵毒，純粹是因爲把芫葵毒「從頭做起」，是一種超級挑戰。

化學家熱愛挑戰

　　你只要看一眼圖 1.1，就會相信這個工作真的非常艱鉅。圖 1.1 畫的是芫葵毒的分子結構，其中「球」代表原子，連接球的「短棒」爲化學鍵。（如果你不太熟悉原子、分子和化學鍵的概念，不必喪氣，這些稍後都會加以說明。即使你沒有相關背景，也

圖 1.1 ▶
芫葵毒的分子結構。它是有史以來最複雜且最毒的人工合成化合物。黑點代表碳原子，大的白色圈圈是氧，灰色圈圈是氮，而小白圈則是氫。爲了保持畫面清晰，所以沒有把接在碳原子上面的氫原子畫出來。

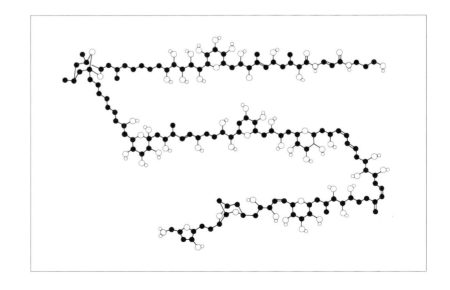

看得出要把這些複雜的東西接在一起，的確是一項複雜的工程。）

　　菟葵毒沒有重要的用途，這個合成純粹是想要顯示高超的技術，就像憑記憶吟誦聖經，或唸出 π 在小數點後一百萬位一樣。想要進行這類困難的工作，化學家必須找解決各式問題的新方法，而這些方法恰巧可用來合成出工業、醫藥及科學所需的複雜分子。

製造實用化合物

　　建構分子是一件大事，這一點大家都認同。在建造文明、改善生活方面，雖然大自然提供許多物質可供選擇，然而它們的種類和供應量，顯然不敷我們日常所需。

　　長久以來，醫生受益於生物世界，特別是從植物中得到的各色複雜物質，是早已獲得證實的，但是有些疾病沒有或很難找到天然療方，就算找到了效果也很差。

　　所以很多化學家投身創造「人造物質」的事業，彌補天然物的不足，或提供更便宜或更有效的替代品。

　　製藥業只是人造合成物質的一個層面而已，但是它卻可能是最好的例子，因為製藥業需要的物質通常極端精緻，並且非常難以製造。

　　在後面的章節中，我們會碰到一些利用現代化學技術製造的比較簡單的合成分子。它們一般是由小分子為基礎，利用化學反應把小分子相連結或重新排列。

　　我並不想詳細探討這些合成技術，因為合成技術雖然精巧且複雜，但是老實講，只有化學家才會感興趣。我覺得更有趣味的是，觀察反應得到的分子，有什麼特性與反應傾向。

神奇巴克球

在本章中，我無論如何都要詳細介紹一個特殊分子的合成法，這個方法合成出的分子，有個奇怪的名稱——「巴克球」（buckminsterfullerene），它因為種種原因而受矚目，而它的鑑定與創造歷程也值得一講。巴克球顯示出科學的重要進展，可能來自意想不到的途徑，也清楚說明為什麼這種往往很無聊的分子建造差事，有時也會激發實驗者最大的熱枕。巴克球寫出了最多彩的化學研究的故事。

我希望讀者會諒解，我把巴克球的故事留做本章節壓軸的苦心。我們需要對分子構造更瞭解，才能體會這個故事。我們不僅要清楚知道，分子究竟是什麼，也要明白化學家畫出圖 1.1 的時候，想要傳達的意思，並瞭解圖中的球和短棒實際上是什麼。

空靈近代物理

世界僅是一種幻象

把近代物理與道教或佛教等東方哲學做類比，在近年來已經成了風氣。雖然這有點像只因兩本書的封面顏色相同，就拿來比較。不過現代科學真的有股這種味道，它似乎與道教一樣，也提出物質世界只不過是一種幻象的想法，宣稱：這個世界與它的外觀迥異，即使是最堅實的物體，也幾乎是虛空的。

如果我們壓縮地球，把虛空部分都去除，這時假設太空中有

一座足球場，地球就可輕鬆塞滿其中。事實上，物理學家現在必須自問，那一團足球場大小的物質中，還留有多少空的空間？不過到了那個階段，「空間」和「物質」的定義就不再那麼清楚了。

　　毫無疑問，這種說法怎麼看都像是奇特的幻想！我們幾乎是坐在或站在空的空間上面。我們人體也幾乎可說是虛空的。然而你讀的這本書摸起來很實在，而且用最虛空的手指，也穿不過最虛空的書頁。

真實世界與近代物理的連結

　　在這裡以及其他例子裡都一樣，近代物理總是好像與我們日常的感覺互相矛盾。如同我在前言中所說的，在這之中充當溝通媒介的是化學。

　　化學一方面完全接受並利用基本物理學對世界的描述，但另一方面，也對我們所感受到的物質性狀，提供合理、有條理且不矛盾的敘述。

　　連接真實世界與近代物理的關鍵，在於原子的階層。大部分的時候，化學都把原子當成堅實的球體，原子以各種排列方式相黏，形成不同物質，構築出我們的日常世界。

　　我們所體驗到的現象，不管是蠟燭火焰的光輝、晶體的成長、土司在烤麵包機中烤得金黃、或者由單一細胞成長為人類，大多都可以用這些撞球般的原子，以不同的鍵接形式重新排列來說明。

　　但如果它們多半是虛空的，為什麼化學家可以把原子看成像撞球一樣堅實（那就是說，像撞球「表面上」看起來那麼堅實）？原子究竟像什麼呢？

基本元素

　　希臘哲學家假設所有的物質，都是由少數幾種不同成分，以不同比例混合而成的。這些稱爲「元素」的物質，基本組成有四種：土壤、空氣、火和水。（亞理斯多德加上第五個元素——以太，爲天體的組成成分，而中國的煉金術士則認爲這五種元素分別是：金、木、水、火、土）。

　　到了17世紀，因爲發現很多東西可再裂解成更基本的成分，所以博物學家認清了「四元素說」的不恰當。新的元素除了是不能再分解的基本物質外，也與土壤、空氣、火和水很不相同，而且數目遠遠超過了四種。

　　其中發現有許多元素是金屬，如銅、鐵、錫和鉛；也有一些是氣體，包括氫、氮和氧；有一些是非金屬的固體，像是碳（有鑽石和石墨兩種元素態）與矽。而含有一個元素以上的物質，稱爲化合物。

　　化學家給每一個元素一個簡寫符號，長度約是一到二個字母。這些符號大部分都很容易辨認，如 H 代表氫，O 是氧，N 是氮，Ni 是鎳，而 Al 則代表鋁，這些符號大多與該元素的英文名稱有關。有一些則較難瞭解，因爲這些元素符號根據的，是元素不再使用的古老名稱，例如鐵的元素符號 Fe，就是來自鐵的拉丁名稱 ferrum。

元素化合有規矩

　　在 19 世紀時，法國化學家普魯斯特★和英國的道耳吞◆，證明

★
普魯斯特（Joseph Louis Proust, 1754-1826），法國化學家，1799 年時提出定比定律，宣稱化合物組成元素間的質量比是固定的。

◆
道耳吞（John Dalton, 1766-1844），英國化學家、物理學家，1802 年根據實驗資料建立原子說，是現代原子模型的雛形，成爲現代物質科學的基礎。1803 年發現了道耳吞分壓定律，可描述混合氣體的壓力。

在化合物中，元素間的比例是一定的，與此化合物怎麼製成的無關。普魯斯特把觀察到的結果歸納成一條通則，稱爲「定比定律」。

這個定律確立化合物是由分子這個「個別原子結合成的原子團」組成的，在每一個分子中，各元素擁有的原子數目是固定的。這種「物質是由個別單位所組成的」的觀念，希臘哲學家劉西帕斯（Leucippus）早在西元前第5世紀就率先提出，他的學生德謨克利圖斯（Democritus, 460-370B.C.）稱這些個別單位爲atomos，意思是「不能分割」的。

但是一直等到普魯斯特和道耳吞，以有條理的思考觀察到這些現象，原子論的假說才真的符合科學定義，而不再是以哲學臆測出來，想當然耳的原理。

是元素？是原子？

元素、原子和分子之間的區別，非弄清楚不可。

氧元素、氧原子和氧分子彼此都不相同。所謂「元素」就是物質，不涉及任何原子論的模型；原子是元素不可分割的最小單元；而分子是原子間以化學鍵連起來的原子團。

在正常的條件下（即在室溫下），原子很少單獨存在：通常它們會和別的原子，以固定的組成結合成分子，如：水分子（一個氧原子和兩個氫原子連接而成）或者是氧氣（兩個氧原子）或氮氣（兩個氮原子）（次頁圖1.2a），這兩種氣體是空氣的主要成分。

化學家用「化學式」來表示分子的組成，式中以元素符號列出分子含有的原子，用下標數字標出每一個元素的原子數，所以水分子寫成 H_2O，氮分子爲 N_2。

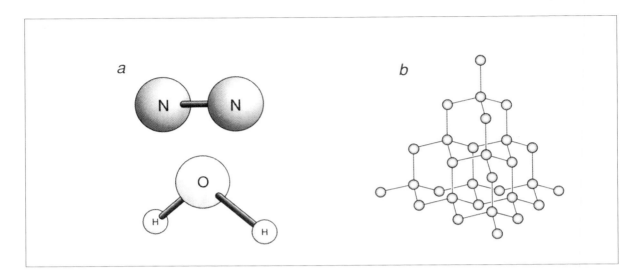

▲ 圖 1.2
圖 a 上為氮分子（N₂），下為水分子（H₂O）。
圖 b 為鑽石的構造。在鑽石中，碳原子連結成連續的結晶架構。

在某些物質中，原子並不形成小分子，而是相連或交疊成為巨大的連續架構，譬如鑽石（見圖 1.2b）或金屬固體就屬於此類。基本上，我們沒有理由不把鑽石的這種原子架構，視為單一的巨大分子，但是我們卻不鼓勵這樣做。

當使用「分子」這個名詞，通常是指微觀下一小團一小團的原子組合，且通常原子組合中的原子數目都很容易算出來。不過，我得提醒，我們會碰到一些分子，情況剛好介於前述兩者之間，這些分子中的原子，數量可能高達數千或甚至數百萬個。

亞佛加厥測定原子量

到了 19 世紀中葉，已經鑑定出的元素有數十種。根據原子論的模型，化學家比較出該元素與氫原子的相對重量，因而能給每一種元素定出「一個原子的重量」，也就是「原子量」。

　　原子確切的重量，小到難以測量，但是測量元素間的相對重量就容易多了。在1811年，義大利化學家亞佛加厥（Amedeo Avogadro, 1776-1856）就認爲：在同溫同壓下，同體積的兩種氣體，會含有相同的原子數（或者更精確一點，是分子數）。因此，氧的原子量就是同體積的氧重量和氫重量的比（所得的值幾乎剛好爲16）。

門得列夫排出元素週期表

　　而且很顯然，某幾群元素的化學性質相當類似。例如，金屬鈉、鉀、銣和銫，都會和水產生激烈的反應，並生成氫氣。氟和氯都是具有腐蝕性的氣體，而氦、氖和氬都是高度惰性的。

　　俄國化學家門得列夫把當時已知的元素，按照原子量漸增的次序排列，他發現某些化學性質會出人意料的，以規律的間隔重複出現。門得列夫把這個清單切成一列一列，然後依序排列，而得到一張元素的表，表中每一直行都有像先前所發現的，具有週期性的相似性。

誰來填空格？

　　門得列夫於1869年發表了他的週期表，這是一種理論推理的元素分類法。不過，他並不瞭解爲什麼元素會有這種週期規則。還有，爲了讓這個週期模式說得通，門得列夫不得不留下一些空格，他認爲該填到這些空格中的元素一定存在，只是還有待去發現。

　　果然，化學家在接下來的幾十年裡發現，找到的新元素都可以完美的填入門得列夫所預期的空格中，由此科學家得到結論，認爲這顯示了原子的某些基本性質。

繼續接力找新元素

不過科學家必須對原子的結構有更進一步的瞭解，才有辦法解釋週期表的模式。雖然今天的週期表中已經沒有任何空格了（圖1.3），不過物理學家有時還想在這張清單的後面，多加一些極重且不穩定的元素。

圖1.3 ▶

元素週期表。1869 年門得列夫首先排出週期表，幫為數眾多的天然元素，歸納出一些條理。相鄰元素的原子序（質子數目）從左到右遞增。出現在同一行的元素，化學性質會有相似的傾向。中間淡紅棕色區域的元素是過渡金屬。而位於鑭和鉿之間，還有錒之後，有兩個系列元素，分別為鑭系元素和錒系元素；這些系列分開列在主表的下方。一些不安定的人造放射性元素，排在鐒之後。

週期表

□ 金屬
□ 過渡金屬
■ 非金屬

原子序
元素名稱
元素符號
原子量

1	2	3	4	5	6	7	8	9	10	11	12	13	14	15	16	17	18
1 氫 H 1.008																	2 氦 He 4.003
3 鋰 Li 6.941	4 鈹 Be 9.012											5 硼 B 10.81	6 碳 C 12.01	7 氮 N 14.01	8 氧 O 16.00	9 氟 F 19.00	10 氖 Ne 20.18
11 鈉 Na 22.99	12 鎂 Mg 24.31											13 鋁 Al 26.98	14 矽 Si 28.09	15 磷 P 30.97	16 硫 S 32.07	17 氯 Cl 35.45	18 氬 Ar 39.95
19 鉀 K 39.10	20 鈣 Ca 40.08	21 鈧 Sc 44.96	22 鈦 Ti 47.88	23 釩 V 50.94	24 鉻 Cr 52.00	25 錳 Mn 54.94	26 鐵 Fe 58.85	27 鈷 Co 58.47	28 鎳 Ni 58.69	29 銅 Cu 63.55	30 鋅 Zn 65.39	31 鎵 Ga 69.72	32 鍺 Ge 72.59	33 砷 As 74.92	34 硒 Se 78.96	35 溴 Br 79.90	36 氪 Kr 83.80
37 銣 Rb 85.47	38 鍶 Sr 87.62	39 釔 Y 88.91	40 鋯 Zr 91.22	41 鈮 Nb 92.91	42 鉬 Mo 95.94	43 鎝 Tc (98)	44 釕 Ru 101.1	45 銠 Rh 102.9	46 鈀 Pd 106.4	47 銀 Ag 107.9	48 鎘 Cd 112.4	49 銦 In 114.8	50 錫 Sn 118.7	51 銻 Sb 121.8	52 碲 Te 127.6	53 碘 I 126.9	54 氙 Xe 131.3
55 銫 Cs 132.9	56 鋇 Ba 137.3	57-71 鑭系元素	72 鉿 Hf 178.5	73 鉭 Ta 180.9	74 鎢 W 183.9	75 錸 Re 186.2	76 鋨 Os 190.2	77 銥 Ir 190.2	78 鉑 Pt 195.1	79 金 Au 197.0	80 汞 Hg 200.5	81 鉈 Tl 204.4	82 鉛 Pb 207.2	83 鉍 Bi 209.0	84 釙 Po (210)	85 砈 At (210)	86 氡 Rn (222)
87 鍅 Fr (223)	88 鐳 Ra (226)	89-103 錒系元素	104 鑪 Rf (257)	105 鉗 Db (260)	106 鐒 Sg (263)	107 鈹 Bh (262)	108 鐷 Hs (265)	109 錽 Mt (266)	110 Uun (269)	111 Uuu (272)	112 Uub (277)		114 Uuq (285)		116 Uuo (289)		118 Uuo (293)

鑭系元素

57	58	59	60	61	62	63	64	65	66	67	68	69	70	71
鑭 La 138.9	鈰 Ce 140.1	鐠 Pr 104.9	釹 Nd 144.2	鉕 Pm (147)	釤 Sm 150.4	銪 Eu 152.0	釓 Gd 157.3	鋱 Tb 158.9	鏑 Dy 162.5	鈥 Ho 164.9	鉺 Er 167.3	銩 Tm 168.9	鐿 Yb 173.0	鎦 Lu 175.0

錒系元素

89	90	91	92	93	94	95	96	97	98	99	100	101	102	103
錒 Ac (227)	釷 Th 232.0	鏷 Pa (231)	鈾 U (238)	錼 Np (237)	鈽 Pu (242)	鋂 Am (243)	鋦 Cm (247)	鉳 Bk (247)	鉲 Cf (249)	鑀 Es (254)	鐨 Fm (253)	鍆 Md (256)	鍩 No (254)	鐒 Lr (257)

原子結構解密

拉塞福打造模型

★
拉塞福（1871-1937，
Ernest Rutherford）是紐
西蘭出生的英籍實驗物理
學家，提出「原子質量幾
乎全集中在帶正電荷的原
子核」的原子模型。因他
在元素蛻變以及放射性物
質的化學上所做的研究成
果，而獲得 1908 年諾貝
爾化學獎。

20 世紀初，原子結構的秘密已慢慢解開了。

物理學家拉塞福★，觀測到氫氣輻射衰減所產生的 α 粒子，大部分會筆直穿過金箔，幾乎不受阻礙，於是在 1916 年提出「原子大部分是空的空間」的想法。

他認為原子所有的質量，幾乎都集中在中央帶正電的小核上（在某些很罕見的情形下，α 粒子會碰上拉塞福金箔中這些高密度的原子核，而沿著原來的方向反彈回去）。

在拉塞福的模型中，帶負電的粒子稱為電子，會沿著軌道繞著原子核旋轉（圖 1.4）。不久後，大家發現原子核含有兩種粒子：質子和中子。

質子帶有正電，電荷量與電子的負電荷相同，而中子則為電中性。不過，質子比電子重 1,837 倍，而中子的質量幾乎與質子相等。原子的大小取決於電子軌道的半徑，而電子軌道的半徑，大小約為原子核的 100,000 倍。

物質為什麼不會崩塌，可以解釋為：不同原子間的電子有靜電斥力（同性電荷相斥），使原子不互相重疊。這個解釋聽起來很合理，但真正的原因，其實微妙且複雜，因為篇幅的關係，我不在這兒詳述。

簡要的說，在不同原子上繞行的電子，其間會有排斥力，這個排斥力使原子看起來具有撞球的特性。

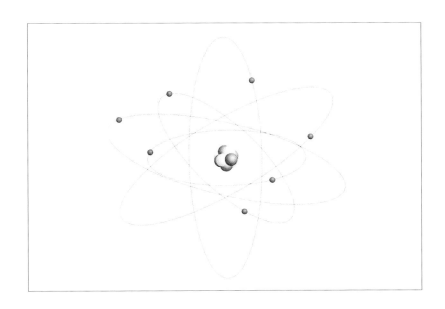

◀ 圖 1.4
拉塞福所提出的原子。其中帶負電荷的電子，繞著帶正電的緊密小原子核運行。

算出原子序

　　中性原子的電子和質子數目相同，這個數目簡稱為原子序。不同元素的原子，會有不同的原子序，而在門得列夫的週期表上，相鄰元素的原子序相差一。例如，碳原子有 6 個電子和 6 個質子；氮原子則各有 7 個，而氧原子各有 8 個。鉛的原子序為 82 個。不過，從原子序看不出原子有多少個中子。

　　小型原子的中子數大概與質子數差不多，例如：大部分的碳原子有 6 個中子，而多數的氮原子有 7 個中子。而較重原子的中子數，多半比質子數還多。鉛原子一般有 82 個質子和 128 個中子。

　　我在這裡強調「大多數」，是因為有些元素的原子，擁有的中子數並不固定，例如有些碳原子有 7 個中子，有些有 8 個，然而它

們的原子序都相同，所以都是碳原子。同一個元素的原子，因為有不同的中子數，總質量（原子量）也就不一樣，這些原子稱為同位素。氫的同位素俗稱為「重氫」，其中氘的原子核有 1 個中子和 1 個質子，而氚則有 2 個中子和 1 個質子。

古典原子模型有矛盾

如果硬說拉塞福的「太陽系」原子模型沒有價值，就太蠻橫了。他的模型告訴我們，原子內各個組成的關係，還暗示我們原子內大部分是空的。但是不要太拘泥於這個模型，因為原子這麼小的物體，運轉形式與地球這種大物體並不一樣，甚至跟撞球也不同。這個大概是量子力學的中心思想，量子理論就是用來描述微觀尺度下的物體的。

約在 20 世紀初，甚至早在拉塞福訂出他的原子核模型以前，物理學家就開始發現，過去對世界的「古典」看法有一些不太對勁。特別是，古典物理有時候會有錯誤，或甚至推導出荒謬的預測！

19 世紀末，由蘇格蘭人馬克士威*所表述的古典電磁理論，美妙的統一了很多物理科學，但可惜的是，這套電磁理論也認為熱體會輻射出無限量的熱，而這個說法顯然不合理。這套理論說，金屬受光照射而逐出電子時（此現象稱為光電效應），電子的速度應該與光的強度有關，而與光的顏色無關，但事實卻相反。

量子大師出手

1902 年時，德國物理學家蒲郎克◆奠定了量子學說的新宇宙觀，他假設熱體輻射的能量只能是分開的不連續小包，稱為「量

★
馬克士威（James Clerk Maxwell, 1831-1879），英國物理學家，劍橋大學第一位實驗物理教師，對電磁學和氣體運動論有重要貢獻。他把 18 世紀所有在電磁方面的研究結果，歸納成一套電磁方程組，是終結的古典電磁理論。他根據理論推斷有電磁波的存在；物理學家認為是 19 世紀最偉大的理論。愛因斯坦曾說，馬克士威的理論是自牛頓以來，最出色、最有影響力的理論。

子」（quanta），每一小包中含有一定量的能量，能量大小依輻射的波長而定。蒲郎克除了證實實驗結果和這個理論所預測的相符外，也提不出其它有力證據。不過1905年時，愛因斯坦證明了蒲郎克的這個理論，可以說明光電效應，顯示能量量子化不是數學花招，而是真實世界的特性。

1913年波耳*用「能量量子化」（能量以不連續的小包傳送）的觀念，來解釋拉塞福原子模型中，與當時物理定律牴觸的奇怪論據。根據古典物理，電子繞著原子核運行時，應該一直輻射出能量，直到軌道無法支持，電子就會迴旋掉入原子核中。換句話說，原子會不穩定。

但是波耳提出，電子受限在一定的軌道上，每一軌道都與原子核有一定的距離。這個說法暗示電子的能量是量化的，當電子在特定的軌道上，能量就是固定的。電子不會持續放出能量，也不會迴旋掉入原子核中，因為電子的能量只會以一定大小的量增加或是減少。

波耳原子模型

在波耳的原子模型中，電子能階就像是階梯；吸收或釋放的能量，是不許介於階梯之間的（見次頁圖1.5）。

這些電子的每一個「電子能階」，都對應一個環繞原子核的特定軌道，所以電子在某一能階上會遵循某一種軌道，而在不同能階上的就沿著不同的軌道。

在波耳的原子中，這些軌道仍然是畫成圓形的，德國物理學家索莫菲德（Arnold Sommerfeld, 1868-1951）在1916年修訂波耳的原子模型，把電子圓形軌道修訂為橢圓形軌道。

◆
蒲郎克（Max Planck, 1858-1947），量子理論的開山鼻祖，1918年諾貝爾物理獎得主。物理學上有許多重要名詞，都以蒲郎克為名，例如蒲郎克常數、蒲郎克長度、蒲郎克時刻、蒲郎克溫度。

♣
波耳（Niels Bohr, 1885-1962），丹麥物理學家，以拉塞福的原子模型為基礎，提出氫原子結構理論（引入量子數 n，提出電子以圓形軌道，以傾斜方式繞原子核旋轉），並研究原子輻射，1922年諾貝爾物理獎得主。）

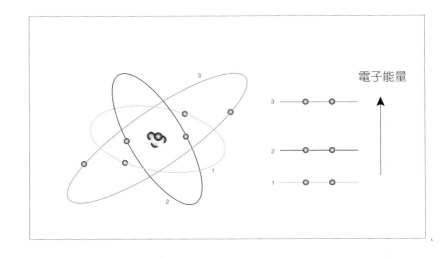

電子能量

圖 1.5 ▶
波耳的原子模型中,電子的
能量大小是特定且不連續
的。電子吸收或放出光,而
在能階上躍遷,但是釋放或
吸收的能量,不會小於能階
間的能量差。

★
海森堡(Werner Heisen-
berg,1901-1976),德國理
論物理學家,創立量子力
學,以及應用這理論發現
氫的同素異性體,1932
年諾貝爾物理獎得主。海
森堡於 1927 年提出「測
不準原理」。

海森堡測不準

　　但是海森堡★在 1920 年代的時候證明,在量子理論中,像電子
這樣輪廓清楚的堅硬小粒子,不會遵循線狀的軌道。而在這種尺度
下,物體會顯現某種程度的模糊,使得我們永遠無法同時確定,它
的確實位置和確實速度(更嚴格的說是「動量」,動量是速度乘上
質量)。

　　原則上,要測量兩種性質時,我們可以盡可能準確的求得個
別性質的值;但是當其中一種性質的值準確度增加時,會造成另一
種性質的值不確定程度的增加。這個就是海森堡有名的「測不準原
理」(uncertainty principle)的一種表示法。

　　測不準原理是量子力學的基本觀念,因為這種量子力學的不
準確性,我們無法指出一個量子粒子的確切位置,而只能說在空間
中的某點找到它們的「機率」是多少。

從軌道到軌域

　　根據測不準原理，電子軌道比較像是繞著原子的模糊電子雲。在電子雲密集的地方，要找到電子的機率就高。爲了要避免與傳統的意義混淆，化學家稱這些電子雲爲「軌域」（orbital）以與原先的「軌道」（orbit）有所區別。

　　原子的頭兩個能階的軌域是圓的，電子大約集中在以原子核爲中心的球形區域（見次頁圖 1.6）。這些軌域稱爲 s 軌域，看起來與圓形的軌道差別不太大，但電子的行徑比較特殊，它並不繞著原子核轉，而是沿著直線的軌跡移動，且會穿過原子核。

　　第三能階的軌域稱爲 p 軌域，形狀有如啞鈴，如果也把它簡化，可以想像這些軌域上的電子，是以 8 字形通過原子核的。至於更高能量的軌域，有些只是形狀比 s 或 p 軌域再大一些，有些則有更複雜的形狀。

層層殼層環繞

　　電子軌域會分成數族或數個「殼層」，情況有點像是層層相套的俄羅斯娃娃。第一個殼層只包含 1 個 s 軌域，稱爲 1s（數字代表第幾殼層，英文代號爲軌域形狀）。第二個殼層有 1 個球形軌域（2s）和 3 個互相垂直的 p 軌域（2p）（見次頁圖 1.6）。第三個殼層有 1 個 s 軌域（3s）、3 個 p 軌域（3p）、並有一組 5 個的 d 軌域（3d）。

　　連續殼層的模式，則是包含了前面一層的所有軌域（不過體積更大），再加上一組前面所沒有的新軌域。電子的能量視軌域所在的殼層（愈外層的能量愈高）和軌域的性質而定，也就是看它是 s 軌域、p 軌域或 d 軌域等等。

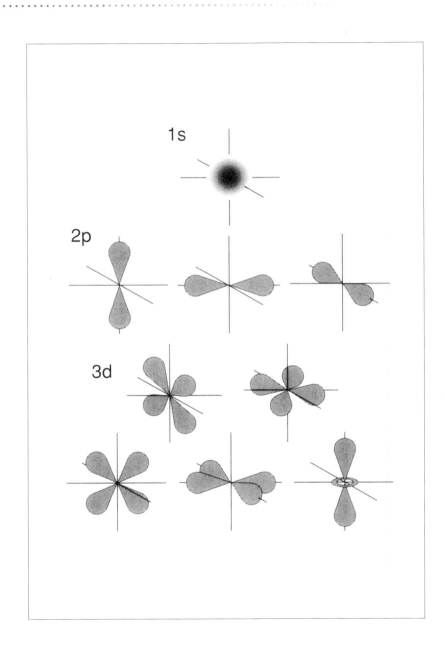

圖 1.6 ▶

量子原子的模糊電子軌域，
與拉塞福「古典」原子輪廓
清楚的軌道，極為不同。陰
影區域是電子出現機率最大
的地方。兩個能量最低的軌
域（1s 和 2s）是球形對稱
的，2p 為啞鈴形，在第三殼
層有雙重啞鈴形和「圈環加
啞鈴」形（3d）。

鮑立不相容原理

量子力學另外一個重要的原則，稱爲「鮑立不相容原理」（Pauli exclusion principle），是爲了紀念奧地利裔的瑞士物理學家鮑立*，鮑立不相容原理規定，每一個軌域只可以有兩個電子。

把鮑立不相容原理和軌域的殼層結構一起考慮，就可以解釋週期表的特性。原子的化學性質大部分取決於最外層的電子，也就是在最外殼層軌域的電子，但並不全然如此。

原因是有些較低殼層的軌域會「穿出」，而此時這些軌域也視爲是外殼層的一部分。原子的電子可以看成是在「充塡」軌域，一軌域可充塡兩個電子，從能量最低的軌域開始往上塡。

按部就班塡電子

所以氫原子的唯一電子就塡在 1s 軌域，氦原子的兩個電子也都塡入 1s 軌域（圖 1.7）。接下來的鋰，有 3 個電子，兩個充塡在

★
鮑立（Wolfgang Pauli, 1900-1958），理論物理學家，發現「不相容原理」，1945 年諾貝爾物理獎得主。生平充滿了笑話，以自負及語言尖酸出名。

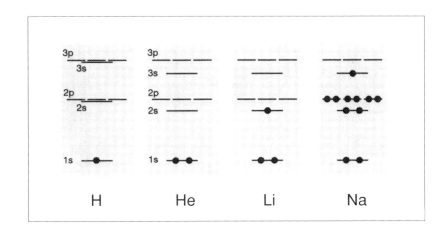

◀ 圖 1.7
原子軌域一次可以塡入兩個電子，要從最低的能階往上塡。所以，氫只有 1 個 1s 電子，氦有 2 個 1s 電子，鋰有 2 個 1s 和 1 個 2s。對於氫原子而言，電子軌域的能階只與「殼層數」有關：電子在 2s 或 2p，能量都相同，在 3s、3p 或 3d 上也相同。但是其他的原子就不一樣了。而氫、鋰和鈉的外層電子殼層中，都只有一個電子。

1s軌域，第三個一定要填入第二殼層。但是它有兩種選擇，它可以到2s或到2p去。對於氫原子來說，2s或2p軌域的能量是相等的，但是當原子含有一個以上的電子時，2s或2p軌域的能量就不再相等了：2s的能量會小於2p。所以鋰的第三個電子會進入2s軌域（圖1.7）。

當原子序再增加時，電子就繼續填入第二殼層：例如有6個電子的碳，它有2個電子在1s軌域，2個在2s，2個在2p軌域。有10個電子的氖，會把第二殼層填滿：有2個電子在2s軌域，6個電子在2p軌域上。至於鈉，它有11個電子，第11個一定會進入第三殼層（也就是3s）。也就是說，鈉和鋰的外殼層，都是只有1個電子的s軌域（鋰是2s，而鈉是3s）（圖1.7），所以這兩種元素會有相似的化性。同理，氯的外殼層是加大版的氟外殼層，這兩個元素都有2個s電子和5個p電子（氟是在第二殼層，氯是在第三殼層），而溴的外殼層又大於氟、氯的外殼層。

週期表上每增加新的一列，也就是有電子要填入新的殼層的時候。在鈣之後，突然新增加了好幾行（即過渡金屬，見第35頁圖1.3），就顯示已經到了有電子要填入d軌域的時候了。相似的情況會發生在元素鑭和錒之後（為避免週期表過寬，鑭系與錒系元素是列在主表之外的），都是因要填入新型的軌域才會如此。

原子工藝——分子的構造

分子是原子以鍵結相連所構成的，而鍵結是什麼？在圖1.1（第26頁）中我們只簡單的用短棒來表示。事實上，原子間的鍵

結，是原子間共享電子或重新分配電子的結果。

共價鍵共享電子

　　最常見的配置是公平的分配電子：每一個原子都各出一個電子來共用，形成鍵結的電子，就不再只環繞原先自己的原子核軌域，而可以環繞另一個原子的原子核。所以構成鍵結的電子對，會成爲環繞兩個原子核的電子雲，或分子軌域。鍵結如果是由兩個或多個原子核共同分享電子而成，則稱爲「共價鍵」。

　　舉例而言，當兩個氫原子結合成 H_2 分子，這兩個氫原子的球形 s 軌域會結合成橄欖球狀的分子軌域（見次頁圖1.8）。不過，若用精確的量子力學來描述 H_2 的鍵結，就會發現一些原先沒注意到的地方，即：軌域的總數一定要「守恆」。也就是分子軌域的數目，一定要和參與鍵結的原子軌域總數目相等。用兩個原子軌域形成 H_2 鍵，就一定要形成兩個分子軌域。但是，參與鍵結的電子對只會落在一個鍵結軌域上，這個軌域的電子，能量比原來的原子軌域要低，所以這兩個原子會互相束縛，不會散開；要分開它們，電子必須重新獲得形成鍵結時所放出的能量。

鍵結產生反鍵結軌域

　　那另外一個軌域在哪裡？它又是什麼？它確實存在，只不過我們「看」不到，因爲它是空的，裡邊沒有電子。另一個軌域是「潛在」的軌域，有點像是沒有存款的銀行帳戶。在這個軌域的電子，能量會比原來的原子軌域高（圖1.8）。如果在這個軌域放入電子，會因爲總能量比電子只在分子的鍵結軌域上還高，而減弱鍵結。所以這個軌域稱爲「反鍵結」（antibonding）軌域。

圖 1.8 ▶
原子共享電子形成共價鍵。實際上，共有的電子可以在「分子」軌域環繞兩個原子核；更精確一點說，在這兩個原子核中的任何一個的周圍，要找到這些電子都有相當大的機率。在氫分子（H_2）中，個別原子的兩個 s 軌域會重疊形成拉長的分子軌域，此軌域涵蓋了兩個原子核，其能量比氫原子的原子軌域要低。同時，空的「反鍵結」分子軌域則在較高的能階上創造出來。在形成分子軌域時，電子的總能量降低，可以維繫住分子。

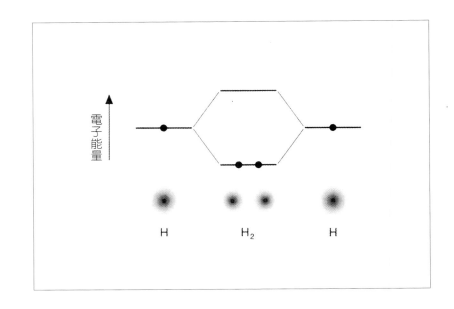

如果我們迫使另一個電子進入 H_2 分子，形成 H_2^- 離子時，因為鍵結軌域已經滿了（就像原子軌域，鍵結軌域也只能容納兩個電子），這第三個電子就會進入反鍵結軌域中。在 H_2^- 中兩個氫之間的鍵結，就會比在 H_2 中的時候還弱。電子吸收光，就可以躍升到這些較高能量的空軌域，這種現象會在第 3 章中介紹。

有施有受的離子鍵

原子也可以用另一種方式，形成強鍵結：這時不共有電子，而是交換電子。也就是說，一個原子把電子完全貢獻給另一個原子，這個電子離開「施者」（donor）的原子軌域，由「受者」（acceptor）的原子軌域所捕捉。施者失去了一個帶負電的電子，變成帶正電荷，而受者的原子中，電子就比質子多了一個，所以帶負電。這些

帶電荷的原子稱為離子。由於施者與受者彼此電性相反，所以會
互相吸引。金屬或週期表最右端的非金屬元素，形成化合物時普
遍都是以離子鍵結存在。例如，食鹽是鈉和氯的離子化合物，其
中每一個鈉原子都可以視為讓出一個電子給一個氯原子，所以形
成了帶正電的鈉離子（Na^+）和帶負電的氯離子（Cl^-）。離子化合
物大多為固體，並且有相當高的熔點。

外層電子貢獻多

　　不管是形成共價鍵還是離子鍵，原子可以用來形成鍵結的電
子數目，通常只是總電子數目的一小部分，一般是外殼層的電子
（或者有時候會是最外兩層）。較「深」殼層的電子受到的束縛力
很強，所以比較難直接在化學反應中起作用。

　　因此，每一個元素的鍵結能力都很明確，只與最外層的電子
配置有關。譬如，碳最外層（第二層）有4個電子，所以在大部分
的碳化合物中會形成四個鍵。不過，原子會形成的共價鍵數目，
並永非遠由外殼層的電子數目決定。例如，氮有5個外層電子，而
氧有6個；不過氮一般只形成三個鍵，而氧形成兩個鍵。在這些原
子中，電子對可以進駐不參與鍵結的軌域裡。這種電子對，稱為
「未共用電子對」，所在的軌域是瓣狀的且突出於原子之外，對決
定含氮與含氧分子的形狀，扮演了重要的角色（見次頁圖1.9a）。

未共用電子產生配位

　　未共用電子對在某些情形下也可以參與鍵結，此時它們會容
許所在的原子，與沒有自由電子的正離子多形成一個鍵結。這類
的鍵結稱為「配位鍵」（dative bond），鍵結的電子對都是由一個原

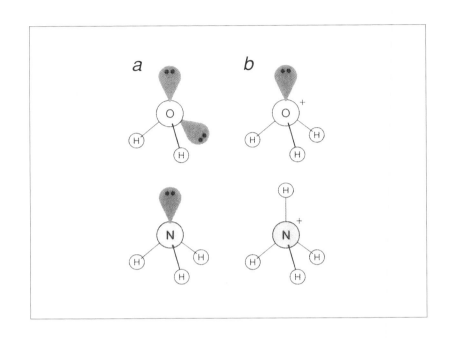

圖 1.9 ▶
未共用電子對位在外殼層軌域中，但不參與共價鍵結。
a. 水的氧原子擁有兩對未共用電子對，而氨的氮原子則有一對。
b. 未共用電子對可以和氫離子等帶正電的離子，形成鍵結。這個氫離子不會提供電子給鍵結。當水或氨分子與 H^+ 離子形成多增加的鍵，會造成的「質子化」的分子離子。

子提供。氮和氧原子常常可以跟氫離子（即質子）形成配位鍵，成為帶正電荷的「質子化」（protonated）物質（圖 1.9b）。

鍵結有單有雙

　　雖然前面提到碳原子傾向形成 4 個共價鍵，但是乙烯分子（C_2H_4）中的碳原子，卻都只與 3 個原子連接。雖然看起來碳鍵有所不足，但事實是因為兩個碳原子由兩個鍵，也就是「雙鍵」相縛。雙鍵有兩個不同的組成：一個是原子間的正常「單鍵」（稱為 σ 鍵），在單鍵中，兩個原子核中間點的電子雲最為密集；還有一個是「π 鍵」，是由兩個分開的香腸狀電子雲所組成的，這兩個香腸狀電子雲一個在原子核的上方，一個在下方（圖 1.10）。π 鍵是

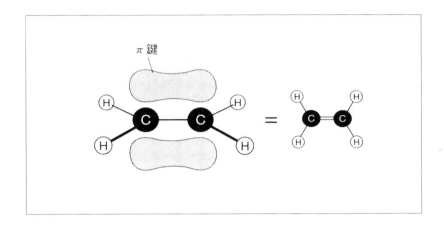

相鄰的啞鈴狀 p 軌域平行重疊所造成的。這種結構會使 π 鍵的軌域
有柱拴般的固定作用，阻止兩端的原子轉動，使分子保持接近扁平
的狀態。

我們可以預期，雙鍵的強度會比單鍵高，因為斷裂乙烯的 C－
C 鍵所需的能量，要高於斷裂乙烷（C_2H_6）的 C－C 鍵，而乙烷中
兩個 CH_3 基的連結，是利用 C－C 間的單鍵。不過，雙鍵的強度並
不到兩倍的單鍵大；把雙鍵的 π 鍵打開，要比打開單鍵容易得多。
因為這樣，其他化合物與乙烯進行反應就比與乙烷反應容易得多。

多鍵造成碳原子不飽和

碳化合物含有 π 鍵時，稱為「不飽和」，意思就是碳原子雖然
形成必須的鍵數，但是它的相鄰原子數目沒有達到飽和。另一方
面，飽和的碳分子只含有單鍵。油膩食物中的多重不飽和物，是長
鏈的碳基分子，而分子上的碳原子間含有許多雙鍵。要使雙鍵「飽
和」就要加入氫原子（氫化），來產生熔點較高的多重飽和化合

物。蠟狀的多重飽和人造奶油，就是把液體的不飽和植物油，進行
「氫化」得來的。

向更多鍵邁進

雙鍵並不是原子可以形成的最多鍵結：三鍵也是可能的。就
像是乙炔（C_2H_2），其中兩個碳原子互相鍵結，且只各自連接一個
氫。三鍵含有一個 σ 鍵和兩個 π 鍵，其中這兩個香腸狀的 π 軌域互
相垂直（圖 1.11）。三鍵的強度非常高，但是碳化合物中的三鍵非
常容易反應。乙炔的易爆性就是最明顯的例子，氧分子很容易和乙
炔作用，使三鍵爆開釋出鍵能。這個就是氧乙炔焊槍噴出的火焰的
作用情形。但是這種反應性在其他的分子上，不一定有。例如氮分
子（N_2）的組成原子間也有三鍵，但卻非常安定，所以氮氣是極為
惰性的。

近年來更高的多鍵也慢慢變為可能。含有兩個碳的分子中，
最簡單的形式是 C_2，它含有四鍵，極端不穩定，且活性也很大。
不過兩個金屬原子間，倒是有發現相當穩定的四鍵。

圖 1.11 ▶
在乙炔分子中，兩個碳原子
間以三鍵連接。它含有一個
σ 鍵和兩個互相垂直的 π
鍵。

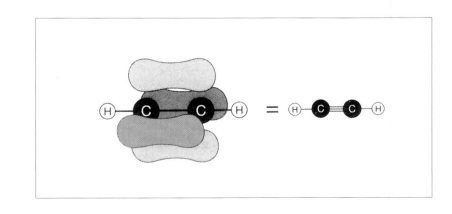

.

碳化合物風貌萬種

碳是具有最多功能的組成原子，它可以和其他的碳原子形成很強的鍵（可為單鍵、雙鍵或三鍵）。它會產生各樣的分子架構，有的是組成複雜的生化物質，例如生物體中發現的脂肪和類固醇。因此，對於想要設計新奇形狀分子的合成化學家而言，碳特別有價值。

雖然有許多分子，最初合成的動機也許一點也不特別，但合成出的產物分子可能會（我們將會看到）顯現出它的創造者沒料想到的性質。把分子設計成特殊的幾何形狀，也許本來是希望它們能展現有用的化學性質；不過，這也可能帶領科學家進入未知的領域。奇特形狀的分子可能會有想不到的分子性質，或讓我們對原本與化學毫不相干的領域，有所瞭解。

環起碳原子

「碳環」幾乎是所有奇特的碳分子化合物的基礎。石油中有含有5環、6環或更多（或更少）環的天然碳氫化合物。環己烷以6個原子為基礎，其中每一個碳跟另兩個碳相接，並連接兩個氫原子。環己烷中的碳鍵，以最適當方法的安排，如圖1.12所示，使環稍微折疊。

現代工業有一個很重要的製程，是把環己烷中的每一個碳，都抽掉一個氫原子，來製成苯（C_6H_6）。一般都認為，苯（也存在原油中）的碳環結構，是德國化學家克庫勒（Friedrich August Kekule, 1829-1896），於1865年發表的；但事實上，另一位德國人洛希米特★早已先著一步，而且似乎比克庫勒還早4年，就發表了

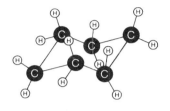

▲圖1.12
環己烷是碳氫化合物，其中6個碳原子連成一個環。折疊的環使碳原子的4個鍵呈最有利的配置。

★
洛希米特（Johann Loschmidt, 1821-1895）是出生於奧地利的化學家，他在1860年代中期的時候算出了洛希米特數（Loschmidt number），概念類似亞佛加厥數。

苯的環狀結構。傳說克庫勒作夢時，夢到一條蛇，嘴巴咬著尾巴而起了靈感。但是這個故事好像是在克庫勒的「發現」之後25年才出現的，所以真實性很可疑。老實說，有人說克庫勒如果有靈感，搞不好是因為瞄到了洛希米特所寫的書！

　　當然，由單鍵和雙鍵交替出現所連結的六碳環形狀，除了稱為「克庫勒結構」，別無他稱。鍵結的配置有兩種相等的畫法（圖1.13a）：如果其中兩個相鄰的氫用兩個氯原子取代（二氯化苯），這兩種畫法就不再相等，而是形成兩種不同的分子結構，一種是在兩個帶氯碳原子之間為雙鍵，另一種則為單鍵。然而，實驗研究的結果卻發現，只有一種二氯化苯存在。克庫勒認為苯分子上的鍵是在他所認為的兩種配置間來回振盪，現在的看法則不是鍵結這樣翻

圖1.13 ▶

克庫勒推論出苯分子，是含有6個碳原子的環，碳原子間以交替出現的單鍵和雙鍵相連。

a. 在克庫勒的結構中，鍵有兩種可能的配置；

b. 但是根據現代的化學鍵結學說，鍵結只有一種，即是電子雲分布成兩個「非定域化」的環形軌域，分別位於分子平面的上方與下方。

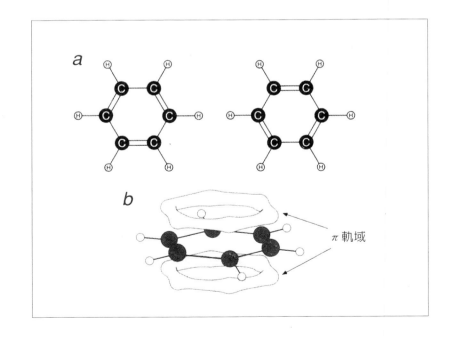

來翻去，而是 π 鍵分布成兩片連續的電子雲，分別環繞苯環的上下方（圖1.13b）。這些分子軌域中的電子，很容易沿著環在原子上跑來跑去，這種情形稱為「非定域化」（delocalized）。

　　苯是很多碳氫化合物分子的構成組塊，例如把兩個苯併連起來，就形成「萘」（naphthalene），再加一個苯環就成為「蒽」（anthracene）；如果第三個苯環是斜接起來的，就成為「菲」（phenanthrene）（圖1.14）。

　　這三種分子，都像苯分子一樣是平面分子，π 軌域上的電子都非定域化，在所有的六碳環上跑來跑去。有一整族的碳氫化合物，都是由六角磁磚般的苯環拼構而成的；這些化合物有的存在煤炭中，有的公認是形成於恆星的大氣中，也有很多有高度致癌性。

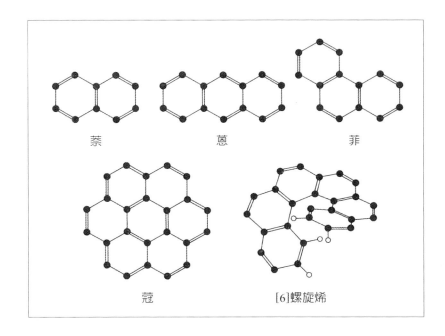

萘　　　　　　　蒽　　　　　　　菲

蔻　　　　　　　[6]螺旋烯

◀圖1.14
苯環可以邊連邊，形成許多不同的分子，總稱為「多環芳香烴化合物」。最簡單的是雙環的萘，而三環的有蒽和菲兩種結構。還有更奇特的蔻和螺旋烯。我們可以繼續連接苯環到[6]螺旋烯的第六個苯環上，形成更大的捲曲螺旋烯。所有這種分子的 π 軌域，都會形成延展的非定域化軌域，在各個環上持續運行。左圖中，除了螺旋烯末端的氫原子有畫出來，其餘的氫原子都沒有畫出。

繪製分子

化學家用幾種畫法來表現分子結構。通常都用不同符號代表不同的原子，並用線條或短棒代表化學鍵，來連接原子。單線代表單（σ）鍵，雙線代表雙鍵，而三條線則代表三鍵：

$$H_2O：\quad H-O-H$$
$$O_2：\quad O=O$$
$$N_2：\quad N\equiv N$$

有時候為了方便好用，可以畫出原子在三維空間的相對位置，但是這種資訊並不是絕對必要。例如，乙烷分子的三維結構為：

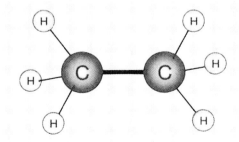

通常都忽略碳原子周圍的四面體鍵結結構，而把分子結構攤平：

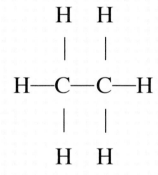

由於在碳原子的骨架四周還要畫很多分子，化學家通常都只用線條來表現碳的骨架，而不把原子全畫出來。因為我們都知道碳原子是在骨架上轉折的頂點處。而氫很不具活性，碳原子上的氫原子通常對構造的影響不大，所以在這個簡略畫法中，也把氫原子統統省掉，看起來比較清晰。（但是連結到氧和氮的氫，因為在結構上或化學上都常扮演重要角色，所以要畫出來）。用這種畫法，環己烷（圖 1.12）和苯（圖 1.13）就成了這樣：

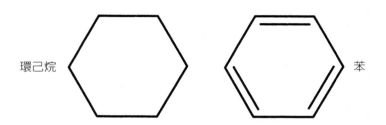

環己烷

苯

雖然真的環己烷環是區曲折折的，不過在這種畫法中，並不必理
會它的三維形狀。

用球—棒或骨架來表現分子，可以清楚呈現出原子是如何連接
的，這種畫法與分子真正的形狀間的關係，有如以木條人來表現
真人一樣。通常，化學家對於分子真正的立體形狀和大小，會更
有興趣，因為這樣才能瞭解分子作用時，所受的空間限制，這對
決定晶體中，分子如何與其他分子堆疊時，有重要影響。為了這
些目的，化學家使用「實体模型」，因為實體模型的基本構成組
塊，可以真實反映出組成原子的有效大小。（如我們所介紹的，
原子並沒有真正明確且清楚的邊界，但是所有的原子都可用「有
效半徑」，也就是其他原子可輕易靠近的最近距離，來描述大
小）。在實體模型中，因為分子中的電子軌域會重疊，原子不再
是完整的球。苯的實體模型，與這個圖有一點像：

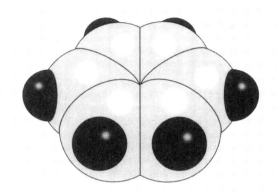

這裡大的灰色區塊是碳原子，小的黑色半球是氫。

在這本書中，我大都會用球來表現分子內的原子。對那些結構特別複雜的分子，為不使圖形太亂，我會省略接在碳上的氫原子。省略掉氫時，我會盡量指出來。如果篇幅允許，我會用化學符號標示出原子，但提到大型分子時，我大多都會用如圖 1.1 中用的記號：

● 碳　　○ 氧　　● 氮　　。氫

如果分子形狀中詳細列出原子會顯得多餘或混淆時，我就會用更簡捷的方法來表現它的結構，例如：用線狀的碳骨架圖或代表環狀分子，或以圓柱代表柱狀分子。

有一種讓人很感興趣的分子，是由持續以斜接的方式加環到菲上：第六個環會碰到第一個而形成一個大環，是一種「超級苯環」，稱為暈苯、六聯苯或蔻（coronene），因為它看起來應該很像一個平面的皇冠，不過如果我們不把第六個環與第一個相接，而讓這兩個環上的氫原子都保留下來，那麼這個分子就不會是平的了，而是會扭曲成像彈簧圈，這種彈簧圈的螺旋狀結構就稱為「螺旋烯」（helicene）。

那麼這種用「苯磁磚」拼成的化合物，大小有沒有極限？顯然沒有。我們可以把苯連成任意大小的平面板片，外緣的一定要有氫原子，以確保每一個碳都形成四個鍵。石墨是由大片的碳片一片片堆疊而成的，像是一疊紙一樣（圖 1.15）。這種片狀結構中，片與片之間可以互相滑動，使石墨成為很好的潤滑劑。石墨還有其他有趣性質，是從它的 π 軌域來的，苯環狀的 π 軌域相疊，因此電子

圖 1.15 ▶
石墨是大型的片狀結構（圖中只顯示一小部分），其中的每一片都是由六角的苯狀碳環形成的網片，形狀就像是雞籠的鐵絲網。碳片逐片相疊，相疊的兩片間，以非定域化電子軌域的弱交互作用力相黏。

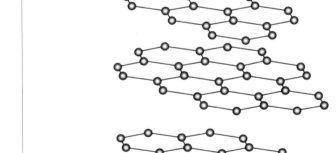

可以自由在表面上漫遊，使得石墨成爲相當好的電導體（實際上是半導體，詳情會在《現代化學II》中的第6章中說明）。

用碳來建造分子

碳是天然化合物的構築元素，它的變化多姿多彩，激起化學家構築各式巨型分子結構的嘗試。也許有人會認爲化學家最喜歡的，不是把這些特殊奇妙的分子做出來，而是給這些化合物命名。這種覺得化學家想出這些辛苦的合成步驟，只是因爲早就幫產物想到了好玩的名字的說法，雖然不太公平，但也沒有錯得太離譜。

分子恰如其名

這些分子中，絕大部分的主要組成都是碳環。要想創造出任何有趣的骨架結構，就需要一個以上的環（把分子變成「多環」）。從把一個四碳環與一個三碳環相接的例子，可以看出命名法怎麼玩：這個新化合物叫做「屋烷」（housane），從圖1.16可以知道爲什麼要這麼稱呼。它的英文字末尾「-ane」表示它是飽和的碳氫化合物（沒有雙鍵或三鍵），因此是屬於烷類（alkane）化合物；每一個碳的鍵結數目都是4，不足的部分由氫原子來補足。而這兩個三碳環和四碳環都會變彎曲，因爲C－C間的鍵要大幅度的扭曲，這兩個環才接得起來。

如果把3個碳環以一個共同邊相連，會產生一種螺旋槳葉片的分子，因此當然把它叫做「葉片烷」（propellane）。但是當奧克拉荷馬大學的布倫菲德（Jordan Bloomfield）在1966年第一次合成出

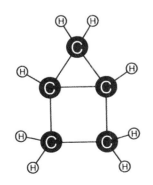

▲ 圖 1.16

四碳環和三碳環連接成屋烷。

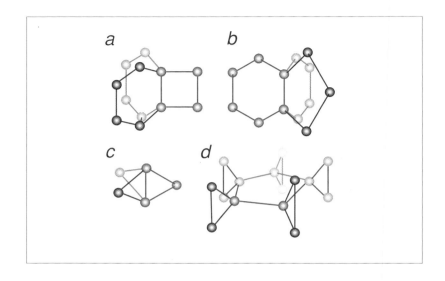

圖 1.17 ▶
碳環以邊或角相連，會分別
產生葉片烷（a、b、c）或
旋轉烷（d）。在這類圖中，
不畫出氫原子。

葉片烷（圖 1.17a），期刊的編輯（一群惡名昭彰的保守人士）卻強迫他把這個綽號放到附注。〔事實上，他為這個化合物取的正式名稱為「槳翼烷」（propellerane）。〕而以色列理工學院的金斯柏格（David Ginsberg）則較幸運，用 propellane 命名他的變種化合物（圖 1.17b），首度闖關成功。美國耶魯大學的威爾柏格（Kenneth Wiberg）團隊，製造了一個很特殊的葉片烷，是由 3 個三碳環背對背相接的（圖 1.17c）。碳環若以角相接而不是以邊相連，形狀會由螺旋槳狀，變成水車狀（圖 1.17d），這個水車狀化合物名為「旋轉烷」（rotane）。

玩出新分子

有一些研究人員把苯當成扁平碟狀的單元來玩，把它們像餐盤般疊起來。這些相疊分子的原型就是環狀吩（cyclophane），它

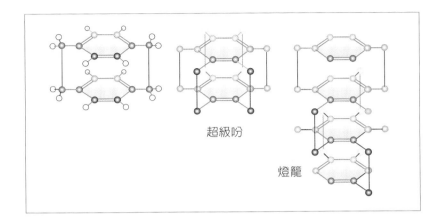

超級吩

燈籠

◀ 圖 1.18
環狀吩是互相疊置的苯環，以短的碳氫化合物的鏈連起來。在超級吩與燈籠中的氫原子沒畫出來。

是用短的碳氫化合物把兩個環固定住（圖 1.18）。苯環可以用兩對或三對短碳氫化合物連結，如果用三對來連結，整個分子看起來就會像是兩隻蜘蛛抱在一起。俄勒崗大學的波克海德（Virgil Boekelheide）在 1979 年，就率先合成出這個分子，並命名為超級吩（superphane）。

大阪大學的 Masao Nakazaki 團隊，合成了一種超凡的環狀吩（圖 1.18），它具有一種東方美；甚至，研究人員因為覺得它像極了傳統的日本燈籠，就直接稱它為「燈籠」（chochin），這個命名打破了命名要以化合物官能基結尾的傳統。不過，合成這些環狀吩並不僅是因為結構有趣。其中有些分子，可以做為基本構築單元，造出大分子，使分子具有重要天然物——酵素的特性。

如果苯環不是只有用一個邊相接，就能製造出更複雜的多環碳氫化合物。

次頁圖 1.19 所示的金剛烷（adamantane）可以視為從鑽石的碳網狀體（圖 1.2b）切割下來的一部分。1933 年捷克化學家藍達

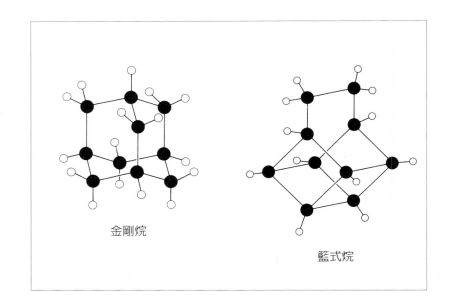

金剛烷

籃式烷

圖 1.19 ▶
金剛烷和籃式烷含有數個
環，以邊連邊的方式相連。

（S. Landa）和馬恰賽克（V. Machacek），從石油中把它分離出來，
才首度發現這個特殊的分子。金剛烷的英文名字 adamantane 是從
希臘文 adamas 來的，意思是金鋼石。

　　金剛烷為中空結構，屬於分子網籃的一種。另一種更明顯的
碳氫化合物容器，有個很名符其實的名稱──籃式烷（basketane）
（圖 1.19）。籃式烷的結構很接近化學家一向嚮往的完美立方體碳氫
化合物。這種分子恰如其分，以正立方烷（cubane）為名，是芝加
哥大學的伊頓（Philip Eaton）研究團隊，在 1964 年合成出來的。
它只是稜鏡烷（prismane）中的一種而已，這類的碳氫化合物呈稜
形（圖 1.20）。而其中五角形的稜柱分子，與前面提到的較簡單二
環分子，都爭著用「屋烷」（housane）為名；美國紐澤西州萊德學
院的肯特（Gerald Kent），在這個分子上添加一個尖頂，做出了教

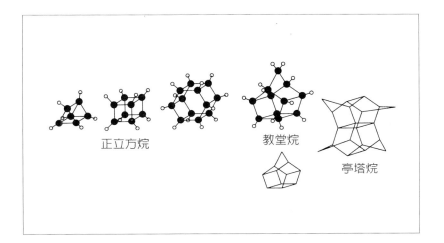

正立方烷　　教堂烷　　亭塔烷

▶ 圖 1.20
稜鏡烷是碳氫化合物構成的多面體；正立方烷已經研究得很徹底。教堂烷和亭塔烷是華麗版的稜鏡烷，我用短棒模型畫出這兩種化合物。

堂烷（churchane），而德國弗萊堡大學的普林巴克（Horst Prinzbach）團隊，則在 1983 年用兩個類似教堂烷的單元，建造出更華麗的結構，他們提議把這個新化合物命名為「亭塔烷」★（pagodane）。

不可能的任務

看了以上這些敘述，你應該可以想像得到，合成化學家是無法容忍任何挑戰存在的。不過，有一個化合物，化學家歷經數十年的衝鋒，但仍無法達陣，很令人氣餒，這個化合物因此得到「多環化學的埃佛勒斯峰」的名聲。這個難搞的化合物，就是碳所組成的十二面體——十二面體烷（dodecahedrane）（第 65 頁的圖 1.21）。在 1970 年代有兩組人馬嘗試解開這個難題，彼此都只與成功相距咫尺，卻也都沒辦法完成最後的連結。

芝加哥大學的伊頓團隊於 1977 年建造了半邊的分子，是由 6

★
普林巴克平日對東方文化頗有研究，他覺得這個分子的上半部與東方塔式廟宇（pagoda-style temple）很類似，所以才提出這個命名建議。

個五角形組成的碗狀結構。只差把環戊烷蓋到有五個尖角的底座上，就大功告成了：因爲心中有這個念頭，伊頓把這個碗狀分子稱爲「列柱烷」（peristylane），因爲希臘文 peristelon 的意思，就是支持屋頂的列柱。但是他們一直沒辦法把這個屋頂放到正確的位置。

而在俄亥俄州立大學的帕克特（Leo Paquette）則另闢蹊徑，造出十二面體的兩個較小部分，每一個都是3個相連的五角形。把這兩部分以角對角連接（圖1.21），產生的分子，形狀有點像是蛤蜊或雙殼貝，所以取名爲雙殼烷（bivalvane）。

一直到了1981年，帕克特的團隊才有辦法把這個貝殼合起來，不過他們得到的第一個十二面體烷不太乾淨，上頭還多黏了兩個甲基（CH_3）。這個產物是一種碳氫化合物固體，而且是有史以來熔點最高的碳氫化合物（高於450℃）。

帕克特的小組在1982年終於找到方法，製造出眞正完美的人造十二面體烷。

進入嶄新化學世代

來自外太空的化合物

製造出十二面體烷的結構，代表了化學合成的成就達到了頂峰。這是運用碳化合物幾十年來累積的知識，歷經一連串漫長、複雜精細的步驟才獲得的成果。然而這個漂亮分子的光芒，現在卻完全被一個更耀眼的化合物所掩蓋，雖然這個新化合物有不同的合成法──不過還很粗糙，幾乎完全達不到合成的標準。

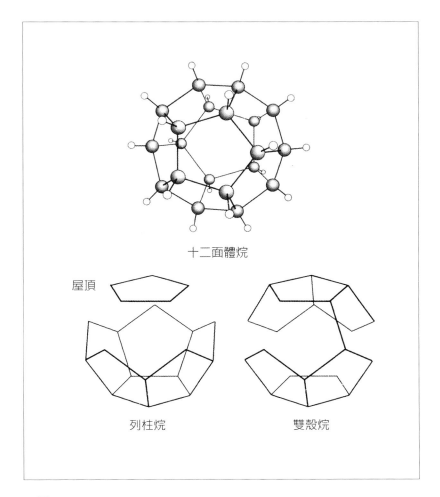

十二面體烷

屋頂

列柱烷   雙殼烷

▲ 圖1.21

十二面體烷，是目前為止人工合成出最壯觀的碳氫化合物。它由碳原子組成完美的十二面體，每一個碳原子上都接著一個氫原子。在 1977 年，芝加哥大學伊頓的團隊，想在列柱烷上加個屋頂，但是卻不太成功。而在 1981 年，帕克特把雙殼烷的開口封住，就較成功合成出十二面體烷。

還有，十二面體烷嚴格講起來是實驗室的玩物，是用來展示現代化學高超本領的。而這個最新、最耀眼的奇特碳結構，看起來很有實用性，已經創造出一個專屬的研究領域。研究這個分子的不只是化學家，還包括物理學家、天文物理學家、材料科學家、工程師和生物學家。有一些研討會專門以它為主題，而報紙和電視也深入報導它的特點。這個分子無疑已成了分子界的天王巨星。

它是一個前所未知、全新的純碳分子。化學家原本總是覺得，他們老早就把純化學元素的天然狀態，都一網打盡了，而這個新分子的出現，使他們謙遜許多。老舊的化學教科書在交代「銨鹽」製備法時，當提到製備法得到的黃色結晶是天然硫、暗灰色的粉末是純矽、或者綠色刺鼻的氣體是氯氣，是有完全把握的。而對於碳，自古以來就知道它有鑽石和石墨兩種天然狀態。康拉德*在1914年曾說「每一位學生都知道煤炭（粗略來說指的是石墨）和鑽石很有密切的化學關係」。即使到了連中學生都清楚 DNA 結構的今天，我們還不一定對純碳瞭若指掌。為什麼碳元素的第三種形態，這麼久都沒有人察覺？

曲折的發現之旅

這個分子的發現，過程曲折離奇不亞於分子本身。故事是從1970年代正式開始的（不過我們在後面就會知道，這個念頭早就在人心中發酵了），當時英國索塞克斯大學的化學家克洛圖（Harry Kroto, 1939-）和沃爾頓（David Walton）正在思索太空中偵測到的某些分子有什麼性質。在第3章中將會提到，要「看到」數千光年的距離外的分子是可能的，只要偵測到它們放射或吸收的輻射頻率就成了。第3章會更詳細討論分子與光、紅外線、無線電波或其他

★
康拉德（Joseph Conrad 1857-1924），原籍波蘭的英國小說家、海洋小說大師，最著名的作品為《黑暗之心》（ Heart of Darkness）。右文引述的，出自於作家1914年寫的長篇小說《勝利》（ Victory）中，第一部、第一章的開場白。）

形式的電磁波之間的交互作用。

　　索塞克斯大學團隊當時正在研究名為「多炔烴」（polyynes）的長鏈分子。這些分子的組成元素大部分都是碳，在這些分子的化學鏈當中，碳原子是以單鍵和三鍵交替與其他的碳來鍵結，因此碳分子不再需要其他的原子（如氫原子）來滿足「四鍵」的要求。

　　多炔烴長鏈的兩個末端都接了氫原子，但是索塞克斯大學的化學家也在研究「氰化多炔烴」（cyanopolyyne），這個化合物的一個末端以參鍵和氮相接，形成氰基（CN）（圖 1.22）。克洛圖和沃爾頓的一個學生，名叫亞歷山大（Anthony Alexander），成功的製備出含有 5 個碳的戊炔氰分子（HC_5N），並測得它吸收微波輻射的情況。

　　克洛圖對於這些分子有可能在太空中產生，感到很興奮，接著他就與加拿大的天文學家岡武史（Takeshi Oka）、艾弗里（Lorne Avery）、布羅田（Norm Broten）、和麥克里奧德（Nohn MacLeod）合作，探測到從我們銀河系中心附近一團分子雲裡，傳來的無線電波中有 HC_5N 的「指紋」。這個發現令他們激動萬分，馬上繼續偵測 7 個碳的分子 HC_7N。

　　為什麼實驗室裡費盡辛苦製備出的這些奇特分子，會在外太

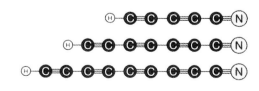

◀ 圖 1.22
克洛圖和他的同事從富含碳的恆星大氣中，鑑定出的氰化多炔烴，化合物鏈上分別有 5、7 和 9 個碳。

空出現呢？克洛圖相信，這種分子也許在某些稱為「紅巨星」的老恆星周圍的大氣中產生。紅巨星是瀕臨生命末期的恆星，它的星體已開始膨脹得很大，而且也因為能量衰減而呈紅色。有一些紅巨星的外氣層中含有大量的碳原子，這些碳原子如果距離恆星夠遠，不受恆星內部的熱所影響時，會互相或和現存的原子（如氫、氮、氧）結合，形成我們熟悉的分子，如：甲醛、甲烷、和甲醇等，同時也會有生成一些地球上沒有的分子。而多炔烴的組成元素大部分是碳，所以很可能在這種富於碳的環境中生成。

當克洛圖和加拿大的天文學家發現，無線電波中氰炔烴的信號顯示，分子的碳數超過 HC_9N 的 9 個，克洛圖不禁猜想，多達 30 幾個碳的更長碳鏈，終究會在星際的分子雲中發現。事實上沃爾頓和他的學生，在 1972 年曾合成出一種與含有 32 個碳的多炔烴（$HC_{32}H$）類似的化合物。

機緣巧合峰迴路轉

1984 年，克洛圖的這種想法發生了意外的轉變。他應柯爾（Robert Curl, 1933-）之邀，來到美國德州休士頓的萊斯大學（Rice University），參觀柯爾的同事史莫利（Richard Smalley, 1943-）的實驗室。

史莫利開發了一種實驗技術，利用雷射光束蒸發固體目標物，產生原子簇。在蒸氣中的原子會重新結合成 100 個左右的原子簇，他們覺得這種原子簇可能會呈現出，介於分子和固體整體性質間的有趣性質。

這種蒸發固體的方法，稱為「雷射蒸削」（laser ablation），用雷射聚焦打擊樣品，就可以在那一小塊區域裡，產生數萬度的高

溫。研究員利用一種稱為「飛行時間質譜儀」（time-of-flight mass spectrometry）的技術來鑑定產物。

原子簇在質譜儀裡會成為帶正電的離子，在電場中加速通過一條長管。因為較重的原子簇得到的加速度，小於較輕的原子簇，利用原子簇通過管子到另一端的探測器，花費的時間長短來判斷它的質量。用這種方法，可以得到產物的「質譜」，上面可以看出不同大小的原子簇，相對含量的詳細分析。

靈光乍現引契機

當時史莫利主要在研究半導體材料（如矽、砷化鎵）的原子簇，部分的原因是，這些材料對微電子技術來說太重要了。不過克洛圖發現雷射蒸削技術產生的高溫，也許可以用來模擬紅巨星多碳大氣中的化學條件：只要把目標物從矽換成碳（也就是石墨）就可以了。也許利用這一種方法，就可以在實驗室中產生長鏈多炔烴類分子。

克洛圖個人覺得這個想法棒極了，但是萊斯大學的小組還是比較想繼續原先矽的研究，所以研究石墨的計畫只好延後，另等適當時機再說。

不過，就在同一年（1984 年），位在新澤西州安納代爾的艾克索公司（Exxon Company）中，柯克斯（Donald Cox）、卡爾多（Andrew Kaldor）和他們的同事也正進行完全相同的研究，並發表了以雷射蒸削石墨得到的質譜光譜。

艾克索的小組發現，對較小的原子簇，質譜會呈現一系列的尖峰，各峰間隔 12 個質量單位（也就是碳原子的質量），顯示碳原子一次累積一個（次頁的圖 1.23）。但是對約 40 個的碳原子以上的

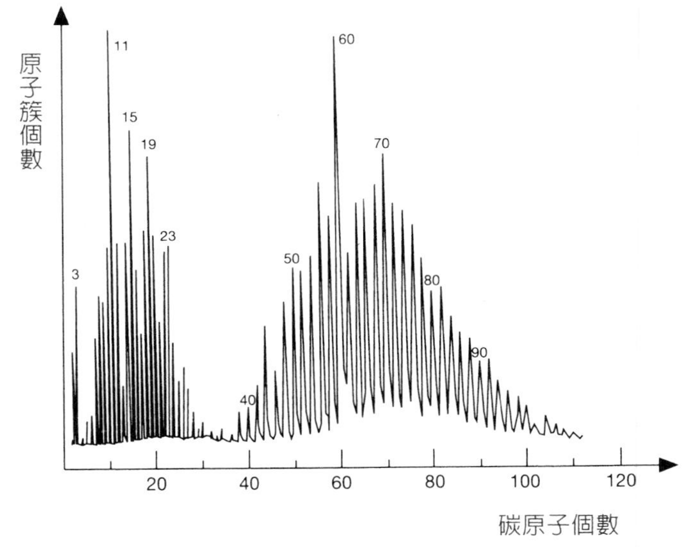

圖1.23 ▶
1984年艾克索研究小組得到
的碳原子簇質譜。碳原子數
目大於40個的原子簇,顯然
都偏好以偶數個原子聚集。

原子簇,尖峰就不再相隔12個質量單位,而是相隔24個,即相當
於偶數個碳數的原子簇。因為從質譜上無法判斷原子簇的結構,艾
克索的小組無法合理解釋,為什麼這種大型的碳原子簇,會以偶數
個原子聚集。

攜手打造黃金團隊

　　直到1985年八月底,史莫利和柯爾才有機會開始和克洛圖合
作研究碳原子簇。而研究生希斯(James Heath)、奧布萊恩(Sean

O'brien）、和劉元（Yuan Liu，譯音）也一起參與了這項研究。在史莫利和同事心中，半導體原子簇的研究，才是更迫切的實驗，他們都滿心期盼，能在「一、兩個星期之內」完成關於石墨的研究，趕快打發掉克洛圖預見的天文物理相關難題。

克洛圖和萊斯大學團隊首先蒸削石墨產生碳原子簇，並讓它們與碳星大氣中可能存在的氫、氧、氨反應，來研究反應得到的產物。他們發現了克洛圖預期的氰炔烴，也得到其他鏈狀分子。同時，單獨以石墨測得的質譜，與艾克索團隊敘述的很類似：這裡又再顯示出約在 40 個原子以上時，會偏好偶數個原子。

發現新訊號

不過，在做了幾次實驗之後，光譜中出現一種狀況，而這是艾克索團隊沒提過的：相當於 60 個碳的原子簇的訊號，有時候會相當高，約達兩邊訊號的 3 倍高。這似乎顯示 60 個碳的原子簇（記為 C_{60}），比其他的偶數原子簇更容易形成（見次頁圖 1.24）。

事實上，艾克索小組也發現了這個結果，但因他們沒辦法提出解釋，所以在論文中就沒有提及。1985 年在九月六日星期五的下午，克洛圖和萊斯大學團隊決定應該確定哪些實驗條件，會使碳六十的尖峰最顯著。

因為很有可能發現新的結果，希斯和奧布萊恩都很樂意犧牲週末來參與，利用這兩天來調整實驗條件，瞭解 C_{60} 在什麼情況下最易形成。到了星期一早上，他們秀出了努力的成果：質譜中 C_{60} 的尖峰有如受小丘拱繞的高峰。同時，70 個碳原子的原子簇（C_{70}）也再度出現，訊號明顯，像是 C_{60} 巨大信號形影不離的伴侶。

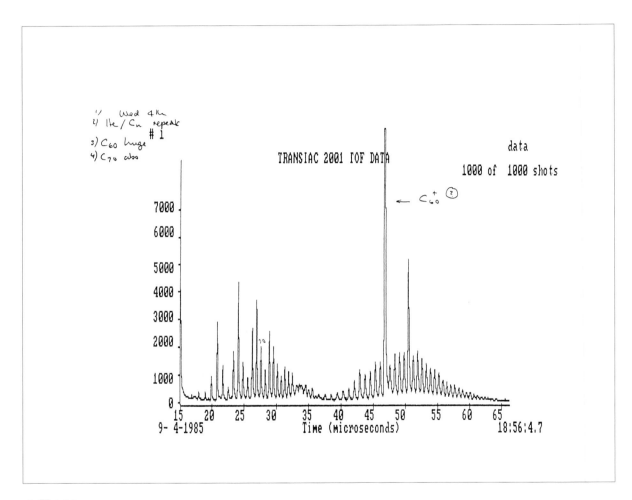

▲ 圖 1.24

克洛圖和史莫利團隊在萊斯大學得到的雷射蒸發碳質譜。60 個碳原子組成的原子簇（C_{60}）的訊號，特別突出且清晰。這張圖是從最早幾個實驗中得到的粗略數據，克洛圖標示出最明顯的尖峰，懷疑它是 C_{60}，而研究人員在左上角注明，右邊疑是 C_{70} 的訊號也很清晰。

（此圖由索塞克斯大學的克洛圖教授提供）

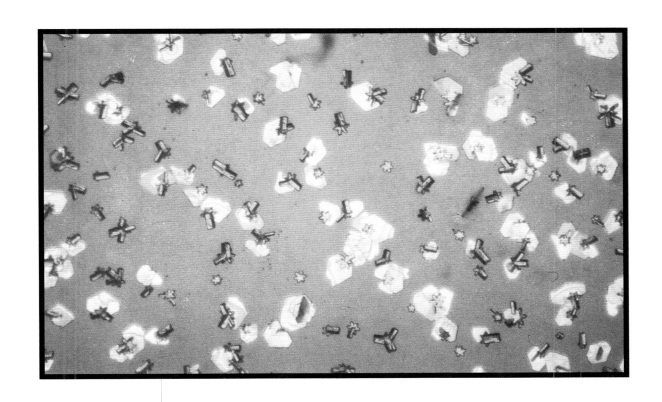

彩圖 1

哈夫曼、克雷雪瑪和他們的學生於 1990 年分離出純的富勒烯晶體。主要成分為 C_{60}，約含有 10% 的 C_{70}（照片由亞利桑納大學哈夫曼教授提供）。

彩圖 2
在金的表面上有一層 C_{60} 的分子，此圖是用掃瞄穿透式顯微鏡所攝製的，比光學顯微鏡更可以顯示詳細的結構。顯現的球形分子像是發亮的尖峰；其六角形和五角形的環在這裡無法解析出來，因為 C_{60} 分子公認為是在很快的旋轉。
〔照片提供：加州 IBM 阿馬登研究中心（Almaden Research Center）的貝勳（Don Bethune）。〕

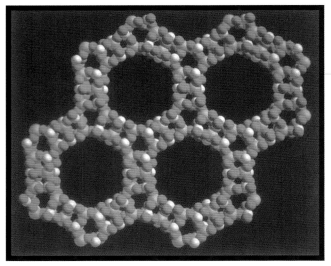

彩圖 3
磷酸鋁 VPI-5 是在 1988 年合成出來的，它有特別大的孔洞，開口有至少 18 個原子形成的環。圖中所見是孔洞的開口。紅色的原子是氧、較大的藍紫色原子的是鋁、而稍小稍亮的淡紫色原子的是磷。〔照片由：加州理工學院戴維斯（Mark Davis）提供。〕

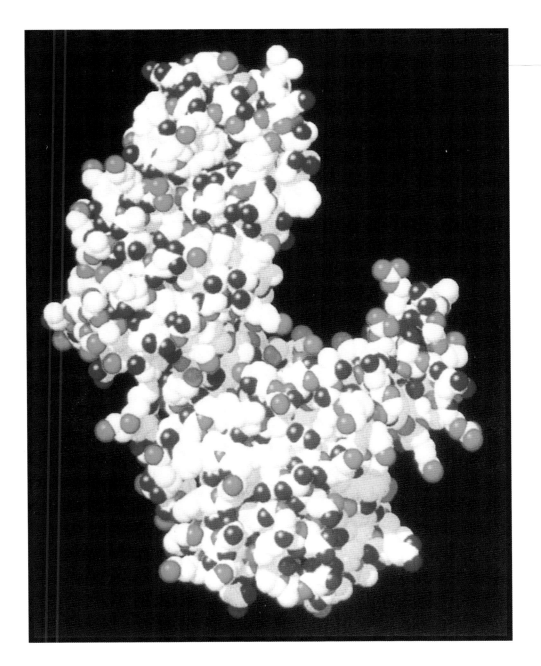

彩圖4

磷酸甘油酸激酶,負責催化葡萄糖裂解的關鍵反應,裂解葡萄糖是為了提供新陳代謝的能量。酵素的V字型凹陷會抓住反應物分子,用左右兩瓣把它包圍住,進行催化反應。碳原子以白色表示,氮是藍色的,而氧是紅色的。〔照片提供:洛杉磯加州大學的賈西爾(David Goodsell)。〕

彩圖 5
美國加州理工學院的雷射光譜實驗室，就像是有各種色彩的萬花筒。
這種雷射光中，有些脈衝甚短，每秒鐘會放出數千兆次的光。
（相片提供：加州理工學院齊威爾教授）

解開魔術數字之謎

研究團隊著手思考，為什麼 C_{60} 會明顯比其他原子簇來得穩定？他們想 C_{60} 能夠這麼安定，一定跟它的結構有關。

自然界的碳分子有鍊狀與石墨般的片狀，但對這類大原子簇而言，形成鏈狀結構幾乎是不可能的，剩下的就是石墨狀結構，也就是碳原子結合成扁平小片，再一片片疊起來。

克洛圖認為以單片 C_6、C_{24}、C_{24}、C_6 的對稱配置，可以說得通為什麼會出現 60 這個魔術數目（圖 1.25）。不過這種結構會使外緣的碳都只有三鍵，而不是應有的四鍵，變成不飽和的「懸鍵」（dangling bond），如此一來，原子簇的活性會變得很大。

有個方法可以解決懸鍵的問題，就是把這些薄片捲成密閉的殼。這種想法雖然很有潛力，但是完全平面的碳原子石墨薄片怎麼會捲曲起來？

建築師化身繆司

捲曲的六角形片，勾起克洛圖的一些回憶。1967 年他參觀蒙

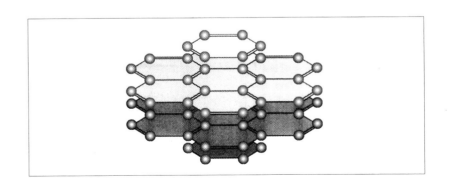

▶ 圖 1.25
以石墨狀的六角形碳磚組成 C_{60} 原子簇，會在外緣留下「懸鍵」，使原子簇變成高活性。克洛圖提出的這種假設是有一點道理，它對碳原子簇偏好以 60 個原子結合，給了一個可能的解釋：它是以碳數分別為 6、24、24 及 6 的四層碳片疊成的三明治。但是克洛圖和他的同事還想找到更令人折服的解釋，來說明碳原子數為什麼會是 60 個。

特婁博覽會時，對美國館的造型很感興趣。那是美國建築師巴克敏斯特‧富勒（Richard Buckminster Fuller）的設計，是一種由平面的多角形構成的圓頂建築（圖1.26）。

富勒是一位有點特異獨行的建築師，這些圓頂建築是他一貫的特色。克洛圖想起蒙特婁的圓頂是由六角形單元構成的，C_{60}可不可能是富勒奇異設計的縮小版？

要把六角形擺成平面片很容易，但是研究人員卻很難馬上把它做成密閉的圓。如果數學家遇到這個問題，會馬上給出答案：由六角形構成半圓頂是不可能的。18世紀瑞士數學家歐拉★已經證明過了，而富勒應該也知道這點。

不過克洛圖另外想到五角形，也許可以用來做圓頂。他也想到他曾經買過紙板組合遊戲，為他的小孩成組出球狀的天空圖，他把它稱為「星球圓頂」。這個也是由五角形和六角形構造起來的。但是研究人員不能很確定，這種物體依循的規則是什麼。克洛圖將

★

歐拉（Leonard Euler, 1707-1783）瑞士數學家，著有《無限分析導論》（1748）等書，許多著名的數學公式以歐拉來命名。歐拉也發現，每一個凸多面體的面數目減去邊數目、加上頂點數目，都會得到2。

圖1.26 ▶
富勒於1967年在蒙特婁博覽會所設計的圓頂。屋頂是由有小三角拼成的多角形，邊邊相連組成的（懷曼攝影，由克洛圖特別提供）。

於那星期二返回英國，因此沒有什麼時間來想這個謎題。另外在萊斯大學的圖書館裡，史莫利找到了有關富勒的書：《富勒的戴麥克辛•世界》（*The Dymaxion World of Buckminster Fuller*），作者是馬可斯（Robert Marks），史莫利當晚就把它借回家去慢慢推敲。

◆

戴麥克辛（Dymaxion）是指富勒的建築中心思想：以最大限度利用能源、以最少結構提供最大強度的設計。

沈思中獲得突破

雖然我們一向認為現代科學非常精細複雜，但很神奇的是，沒想到有一些很重要的觀察，仍然可以在把酒沈思，或動動紙板、球—棒模型中領會。C_{60} 的結構就是這樣得來的。

那個星期一夜晚，希斯用「黃箭口香糖」揉成 60 個小口香糖球，想用牙籤要把它們接在一起，希望能造出有 60 個原子的原子簇模型。幾個小時之後，他跟他的太太除了手指發黏外，完全沒有進展，並且再次由實驗應證了歐拉的名言：單由六角形是造不成封閉外殼的。

在此同時，史莫利也放棄用他家中的電腦來解決這個問題，改用六角形的硬紙板和膠帶試試看。他嘗試用這些小紙片，造設彎曲的結構，結果徒勞無功，但一夜思索到天明後，他想到克洛圖提起的五角形。當他把五角形加入這些做臨時湊成的模型紙片中，一切問題似乎都迎刃而解了。

把五角形的 5 個邊都各接 1 個六角形，這 6 個六角形再兩兩以邊相接，就自然會形成一個碗型（次頁圖 1.27）。在加入更多的六角形和五角形後，史莫利就構造了一個半球。剩下來的就容易了：再造一個半球蓋上去，就成球狀的多面體，其中共含有 12 個五角形和 20 個六角形。把角（就是原子會在的地方）數一數，史莫利很高興的發現，他已建造出一個擁有 60 個原子的原子簇。

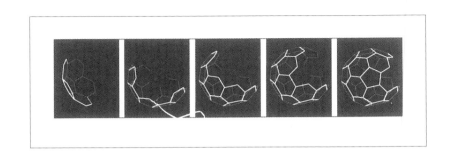

圖 1.27 ▶
由五角形和六角形建造的密閉籠子。要用小紙片造出密閉的籠子，沒有五角形是辦不到的。

碳做成的足球

　　這個圓頂結構（圖 1.28）擁有所有必要元素。它有美妙的對稱結構，也很結實，它也解釋了 60 這個「魔術」數目，而且很棒的是，它每一個角（即每一個原子）都是等價的。沒錯，絕對就是它了！

　　第二天早上，史莫利召集他的團隊，展示這個模型，並說出他的看法。他們馬上都為這個模型的美學外觀所震撼，但是柯爾提醒，這個模型要符合化學要求才行，也就是每一個碳有 4 個鍵，如果每個碳都連接其他 3 個碳原子，連接這 3 個碳的碳鍵中，一定有一個是雙鍵。有沒有辦法在模型中分配這些雙鍵，得使每一個原子都滿足需求？柯爾和克洛圖利用標籤貼紙標示出雙鍵，很快就得到滿意的模型（圖 1.28b）。

　　史莫利認為，這種結構這麼均勻對稱，數學家一定對它很熟悉。他打電話給萊斯大學數學系主任魏奇（William Veech），向他描述這個模型，問說它是否有個名字？魏奇不久就回電，但給的答案並不是一個數學上的名稱：魏奇說史莫利描述的，是一顆「足球」。縫製出足球的皮片，就剛好類似這種模式（圖 1.28c）。

　　不過，足球的結構的確有一個專業的數學名稱，那就是：截

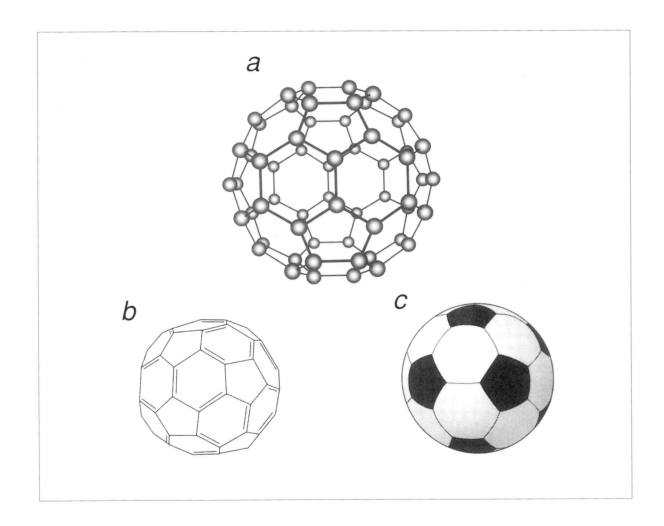

▲ 圖 1.28

a. 60 個原子的碳原子簇，就是所謂的「巴克富樂烯」。

b. 單鍵和雙鍵構成的模式，使所有的原子都具有 4 個鍵。籠中每一個碳原子都是等價的。

c. 這個化合物與足球，都具有由六角形和五角形組成的高對稱模式。

角的正二十面體（truncated icosahedron）。它屬於以五角形和六角形組成的密閉殼狀家族，這個家族成員多到不可勝數。

　　歐拉也證明了，12 個五角形可以和任何數目（一個以上）的六角形組成密閉的結構。截角的正二十面體是這個家族中，特別對稱的一個，其他的形狀都沒有這麼對稱。

　　研究人員認為這個家族可以解釋，石墨做雷射蒸削產生的大碳原子簇中，為何原子數目會偏好偶數個。每多加一個六角形，就會生成下一個新成員，新結構會比原來多出兩個新的角，相當於增加兩個碳原子。

富勒烯

　　得到這些驚人的結果後，克洛圖暫緩離開休士頓，動手寫一篇短論文，詳述他們對這些結果的看法，以及為什麼推測它是「足球」形狀，並送到《自然》（*Nature*）期刊發表★。

　　要在論文中討論研究成果，就得為這種非凡嶄新的 60 個碳的分子起個名字。雖然在論文上提出了一些建議，諸如「球烯」（spherene）或「足球烯」（soccerene），名字上末尾的 -ene 表示結構上有雙鍵，就如 benzene（苯）一樣。

　　不過克洛圖比較喜歡叫它「巴克富勒烯」，因為這個名字紀念了這種籠狀結構的發明人。巴克富勒烯這個名字就此定案，因為它顯然完全吸引住化學界的想像。不過，化學界常常用「巴克球」（bucky ball），這個較不正式的簡稱來稱呼它。

　　這個研究團隊接著把注意力集中到質譜上的另一個尖峰——有70 個原子的訊號。他們認為這個訊號，代表另外一個高度對稱、特別穩定的籠狀原子簇結構。只要在 C_{60} 的赤道上加入一個六角

★
在 1996 年，克洛圖、柯爾及史莫利，就因為發現 C_{60}，而共同獲得諾貝爾化學獎。

形，就可以創造出分子式為 C_{70} 的分子，這個分子是拉長的球型，形狀有點像橄欖球（次頁的圖 1.29）。其他特別對稱的形狀還有 C_{32}、C_{50} 和 C_{84}，基本上，密閉殼狀的大小，似乎沒有底限。整個密閉殼狀的碳原子簇家族，現在就以「富勒烯」（fullerenes）這個有紀念性的名字廣為人知。

天馬行空幻想成真

當這篇論文在《自然》發表後不久，C_{60} 先前遭人遺忘的歷史就開始浮現。早在 1966 年，任教於英國新堡大學的化學家鍾斯（David Jones）就曾提過，石墨狀的薄片可以形成密閉的籠狀分子。

鍾斯數十年來都以「戴德勒斯」（Daedalus）為筆名撰寫專欄，內容描述純理論推測的科學，說的都是一些他想像出來，理論上很有可能、但通常很難實現的發明。鍾斯表示，一旦提出的觀念孕育成熟後，就由戴德勒斯擁有的 Dreadco 公司接手，發展成商品。

鍾斯的眼光和發明才能，很受科學界同僚的讚賞，當有實驗支持戴德勒斯想出的理論時，他們也都很高興。在 1966 年的《新科學家》（*New Scientists*）雜誌中，戴德勒斯曾在專欄裡，特別報導巴克富勒烯的初始形態。而這並不是唯一一個預測出巴克富勒烯的例子。

寂寞先知

在鍾斯想到「彎曲的石墨」這種比較廣泛的觀念時，也有一些人直接預知出巴克富勒烯分子。在 1970 年，日本的化學家大澤

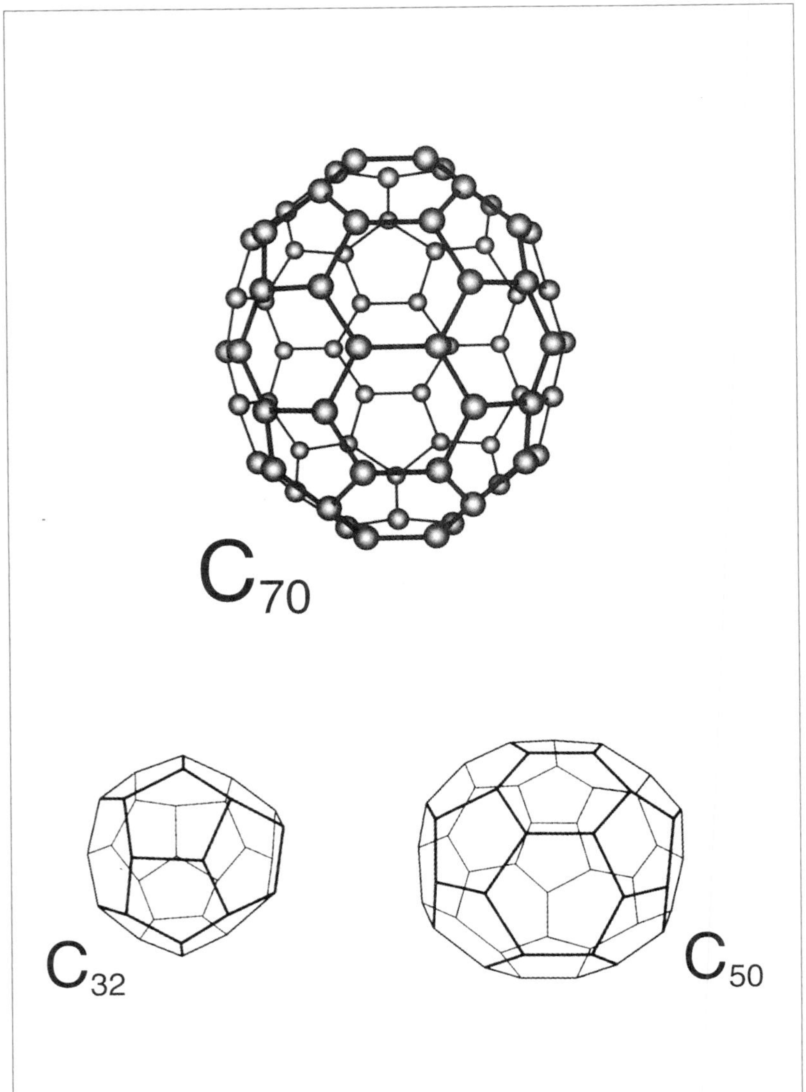

圖 1.29 ▶
由實驗推論出來的 C_{70} 富勒烯
的結構，和橄欖球很相似。
小原子簇的密閉籠狀結構有
C_{32} 和 C_{50}，是由索塞克斯／
萊斯的研究小組提出的，像
C_{60} 和 C_{70} 一樣，這些小的富
勒烯也包含 12 個五角環。

映二（E. Osawa）就認為，球狀的 C_{60} 分子有可能存在，而且也推測出它的性質。

在 1973 年，蘇俄的科學家就對這個當時還是假設的分子，進行理論研究，而在美國加州大學洛杉磯分校，查普曼（Orville Chapman）嘗試利用有機合成的技術來建造這種分子，方法與之後帕克特（見第 64 頁）成功造出正十二面烷時，所用的一樣。但是查普曼從來沒有發表這個研究，而日本和蘇俄的科學家研究，則淹埋在少為人知的期刊中，悄悄發表而無人知曉。

燒出新化學

在 1986 年，克洛圖和萊斯的研究人員推測，如果富勒烯真的是中空的碳籠，而且組成單位與石墨相似，那麼在富含碳的物質燃燒後產生的煙灰（soot）中，有沒有可能發現它的蹤跡？畢竟煙灰的成分，也就是一些不規則的石墨狀薄碎片，而似乎富勒烯具有完美的結構，不會使薄片邊緣產生懸鍵。

但是一般來說，研究燃燒的化學家，似乎都不想費事在煙灰中找出 C_{60}。1987 年，何曼（Klaus Homann）和他的同事，在德國達姆斯塔特（Darmstadt）的物理化學研究所，對煙灰火焰中形成的離子，進行質譜分析，發現在原子數目多於 10 的碳離子中，量最多的就是含有 60 個原子的離子，但即使克洛圖指出這個結果有可能和萊斯大學的實驗有相關，何曼他們也沒有對此再做進一步探討。

在那個時候，大家對於富勒烯的理論，是信者恆信，不信者恆不信！不過，到了 1991 年，又有人再提起何曼的結果，當時美國麻省理工學院的研究人員有篇報告顯示，他們把天然氣在空氣中

點燃，小心控制燃燒速率與火焰中各種氣體的混合比例，可以產生相當量的 C_{60} 和 C_{70}。這顯示數百萬年來，人類也許一直都在製造 C_{60}，但卻渾然不知。

富勒烯掀起熱潮

1985 年以後，巴克富勒烯幾乎是像貢品般給供起來。大家都聽過那篇登在《自然》上的論文，但是大多數的人只把它當成是精緻好玩的珍寶。

不過，克洛圖仍深信這種分子會為碳化學帶來嶄新的面貌。也許它可以把有毒或有輻射性的金屬原子，收拾在物品表面的碳鍍層中。也許它可以成為良好的潤滑劑，因為碳球可以互相滾動，就像球形的軸承一樣。這一類的推測不勝枚舉，且內容多采多姿；但是一切也都還只是推測而已，因為這種東西的製量極少，而且還是混在雷射蒸鍍的其他產物中。由於沒有人成功分離出相當量的純富勒烯，所以它是否為足球結構，仍無法以實驗證實。

不過到了 1990 年，情況整個改觀。

恍然大悟

在美國土桑市（Tucson）亞利桑納大學的哈夫曼（Donald Huffman）和德國海德堡蒲郎克核物理研究院的克雷雪瑪（Wolfgang Kratschmer），也像克洛圖一樣，在 1980 年代早期就對恆星的大氣或星際間，有可能產生全新碳分子的這件事深感興趣，這兩位物理學家於 1982 年進行實驗合作，以電熱蒸發石墨，然後

測定產生的黑色煙灰，有什麼特殊性質。

　　哈夫曼和克雷雪瑪研究這種煙灰吸收紫外線的情況，好來與天文學家量測到的吸收光譜進行比較。

　　他們發現實驗得到的煙灰，除了在紫外線光譜上出現一些普通煙灰所沒有的特徵外，特性和一般燃燒時所產生的煙灰差不多。當時他們推斷這是因為雜質跑進蒸發室，所以才產生這些這些額外的特徵，而這個雜質可能是真空室泵所用的油。直到 3 年後，也就是 1985 年《自然》的論文發表時，哈夫曼才明白他和克雷雪瑪於 1982 年所看到的特徵，就是 C_{60}。

快馬加鞭緊急追趕

　　雖然克雷雪瑪有點懷疑哈夫曼的看法，但是兩人都同意可以就這個論點再進行實驗試試。

　　當克雷雪瑪在海德堡的小組用電弧放電（arc-discharge）加熱石墨，測量碳煙灰這個產物的質譜，馬上看到顯著的 C_{60} 尖峰。經過反覆測試調整，研究團隊用簡單的電弧放電技術，就可以產生幾毫克的 C_{60}。這已經是相當大量了，這個量要來做實驗確立結構，是絕對夠的。

　　而要從產物碎屑中萃取出純 C_{60}，就比較麻煩了。在 1990 年初，克雷雪瑪、哈夫曼以及他們個別指導的學生佛司提洛波洛斯（Konstantino Fostiropoulos）和藍姆（Lowell Lamb）試著加熱煙灰，讓它部分昇華，這樣等蒸氣冷凝後，會凝結回固體。這種固體會部分溶解在液體苯中，產生深紅色的溶液，把溶劑苯蒸發後會留下紅褐色結晶（彩圖 1）。

　　經過質譜分析，顯示它含有 90% 的 C_{60}，其餘的都是 C_{70}。至

少終於可以測試化合物的結構，到底是不是足球形狀了。

　　經由測量這個晶體對 X 射線的反射（第 4 章會詳細介紹），研究人員可以推論出，晶體中含有成疊的球形分子，各中心之間的距離約為 1 奈米（1 公尺的十億分之一），剛好符合對 C_{60} 排列規律的預測。

成果發表分秒必爭

　　1990 年八月，克雷雪瑪和哈夫曼在《自然》刊出的一篇論文中，描述他們分離 C_{60} 的新方法和確認足球結構的證據。對於克洛圖而言，哈夫曼的成功既是讓人高興的好消息，但也是痛苦的打擊。

　　克雷雪瑪和哈夫曼的論文證明了，克洛圖和萊斯團隊在 1985 年的猜測終究沒錯；但是克雷雪瑪和哈夫曼的突破，也使克洛圖團隊的成果以些微之差落敗。

　　克洛圖曾經在 1986 年用類似的電弧放電技術進行實驗，但是因為缺少經費而困難重重。當克雷雪瑪和哈夫曼在 1989 年一次研討會中，發表初步的實驗結果後，克洛圖即風聞這項進展，而重新啟動電弧放電設備。但是他和索塞克斯的同僚在要把 C_{60} 從煙灰中取出時，都同樣碰到問題。

　　1990 年八月，克洛圖的同事哈爾（Jonathon Hare）靈光一現，想到用苯來進行分離，而得到紅色溶液。但是那時競賽早已開跑，因為克雷雪瑪和哈夫曼已經進到關鍵的最後一步——由溶液中得到結晶。

　　當《自然》請克洛圖審閱克雷雪瑪和哈夫曼的論文時，他只好承認他的團隊在最後一步輸掉了。

結果宣判

但索塞克斯團隊仍然占了一點便宜，他們的紅色溶液已經在手，至少他們在這個階段還是領先其餘的對手。

1990 年八月底，他們進行了一項實驗，用來終結分子結構的預測，而這個實驗在克雷雪瑪和哈夫曼的論文中並沒有提到（雖然他們的結論無庸置疑是正確的）。這個實驗使用了核磁共振光譜（nuclear magnetic resonance, NMR）技術，NMR 光譜顯示 60 個碳原子都是相等的，就如對足球結構的預測一樣。而且這些 NMR 實驗也驗證了 C_{70} 的橄欖球結構。

最後證明 C_{60} 是足球形的分子。在克雷雪瑪和哈夫曼發表量產 C_{60} 的配方後的短短幾個月間，大家都競相投入這個領域。不久，透過新型的掃描穿隧式顯微鏡 （scanning tunneling microscope），就觀察到這個分子的整齊的排列（彩圖 2）。

玩出新花樣

有機化學家開始探討 C_{60} 有什麼化學反應。大部分的理論計算都預測，它應該像苯一樣，是相當安定且不反應的分子。但是結果卻發現，要把籠上的雙鍵打開並不難：例如氫或氟都可以和 C_{60} 的碳原子鍵結。此外，也可以把 C_{60} 連接到長鏈聚合物分子的主軸上，串成像護身符般的長串。

在電化學電池中，C_{60} 可以擷取額外的電子，形成如 C_{60}^{-} 及 C_{60}^{2-} 之類的負離子，顯示它應該可以和金屬形成「鹽類」，性質就像是氯之類的大原子。

因為 C_{60} 有這些性質，美國新澤西州 AT&T 貝爾實驗室的研究

人員，於是把 C_{60} 和鹼金屬，如鋰、鈉、鉀、銣及銫進行反應，結果的確形成了離子鹽，而這些化合物表現出的性質非常奇特，與研究人員先前的預測相差甚遠，而關於這一點，我們將會在第6章討論。在這裡只說明這些實驗證明，C_{60} 不僅是化學家這麼多年來，所遇到最有趣的分子，而且對物理學家而言，它也揭露了一些驚人的真相。現在，C_{60} 的金屬化合物是 C_{60} 研究的主攻項目之一。

這些化合物中，把金屬包在籠子裡的化合物，特別引人注意。這些所謂的「多面體內」（endohedral）結構，是石墨和金屬化合物相混後，反應所形成的富勒烯。希斯（Jim Heath）對著混有鑭氧化物的石墨棒，進行雷射蒸削，而首度合成這種多面體內富勒烯，時間差不多就在他、克洛圖、和萊斯團隊在 1985 年發現 C_{60} 分子之後。他們發現個別的鑭原子很緊密附著在 C_{60} 籠中，很顯然金屬是陷入籠中。現在富勒烯籠內，最多可以放入 4 個金屬原子。

球一直在滾

C_{60} 這麼容易製造，使得無數的科學家，都無法抗拒涉獵其中的誘惑，希望從中發現一些意想不到的新性質。

不想自己費勁合成 C_{60} 分子的人，也可以跟美國一些商業公司購買，除了 C_{60} 外，C_{70}、C_{84} 等等也都買得到。雖然現在價格還不算便宜（約為金價的 40 倍），但再過幾年，C_{60} 的價格恐怕跟會鋁差不多。

在那些想尋找更奇特化合物的人眼中，許多大型富勒烯的性質仍待探索。從歐拉的研究結果來看，好像所有的富勒烯都一定要包含 12 個五角形的五碳環。還有，雖然原則上五碳環和六碳環的可能配置非常多，但是因為任何五碳環都不可相鄰，否則會使鍵結

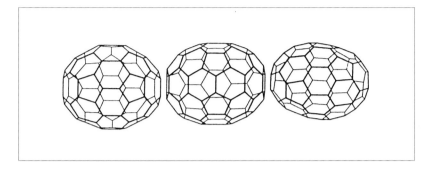

◀ 圖 1.30
C_{76}、C_{78}、C_{82} 及 C_{84} 這些較大的富勒烯，都曾從混合物中分離出，也導出了正確結構。原則上，這些化合物都可能有很多異構體存在，不過若要符合五角形不相鄰的原則，就會使可能範圍減少到只剩幾個。這裡顯示的是 C_{78} 分子的 3 個結構。

不穩定而重新配置，使得整個配置情況變得簡單許多。例如，要用五碳環和六碳環排出 C_{60} 雖然可以有 1,812 種方法，但是其中只有一種方法不會使任何五碳環相鄰。

找尋異構物

　　分子間如果組成成分相同，但空間排列不一樣，稱為異構物：我們在以後的章節中會陸續碰到一些例子。所有的五碳環一定要分開的原則，大幅減少較大型富勒烯的可能異構物數目，使情況簡單到容易處理的程度。

　　其中，C_{70} 只有 2 個異構物，C_{78} 大概有 8 個左右（圖 1.30）。C_{120}、C_{240} 和 C_{540} 等巨型富勒烯，應該會有一些特別對稱的異構物（次頁的圖 1.31），但是還無法分離出足夠量的這些分子來做測試。

　　1991 年，日本筑波 NEC 公司的飯島澄男（Sumio Iijima），發現一種與富勒烯結構相似，但是體積更大的分子。他發現製造富勒烯的電弧放電法，在某些特定的情況下並不形成富勒烯，而是有碳細纖維在其中一根電極上生成。

　　在顯微鏡下檢查這些纖維，會發現它們是中空的管子，由石

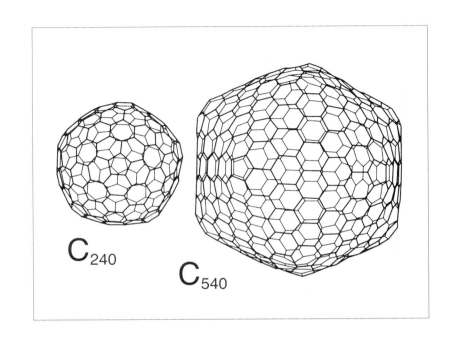

圖 1.31 ▶
克洛圖和他的學生麥克凱（Ken McKay）發現，C_{240} 及 C_{540} 這類巨型富勒烯可以用高對稱的結構造出。同樣，它們仍然只含 12 個五碳環（這是為了使籠子密閉）。當籠子變得愈大，上頭的「角」（五碳環所在處）會變得更尖銳。這些巨型的富勒烯還無法單離純化出足夠的量，來詳細研究它們的結構，但是看起來，它們很可能會有一些異構物。

圖 1.32 ▶
管狀的富勒烯？這些包含同心石墨狀薄片的中空碳管，是在 1991 年由飯島澄男發現的。這些碳管的末端有多面體或圓錐形的殼罩著。通常碳管寬為 1 到 50 奈米，在這裡所顯示的，是碳管在電子顯微鏡下顯現的剖面。最小的碳管，末端可能可以蓋上 C_{60} 的半球。（感謝日本築波 NEC 公司飯島澄男提供照片）

墨狀薄片捲成圓筒形（圖 1.32）。每一根管子內都有數個圓筒，像俄羅斯洋娃娃般一個套著一個。這種管的末端會有圓錐或半球蓋住，這些圓錐或半球中可能是含有五碳環，所以薄片才可以捲得起來。這些石墨狀的管子，有一些直徑只有 1 奈米，與 C_{60} 接近，但

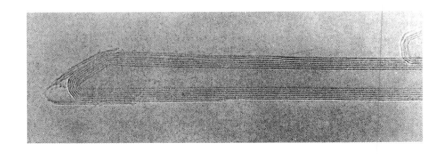

長度可達 1,000 奈米，看起來可能具有一些有趣的性質。這些碳管應該是已知的碳纖維裡強度最高者，而且也可能可以導電。

　　在 1992 年底，飯島澄男和他的同事阿家洋（Pulickel Ajayan）成功的打開了管子兩端的蓋子，讓管子像吸管一樣吸入液態鉛。這些「奈米碳管」和同樣用電弧放電法製造的同心中空碳粒子（圖 1.33），正發展成富勒烯研究的一個完整支系。

a

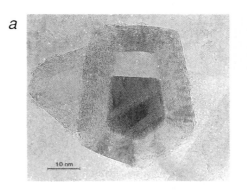

b

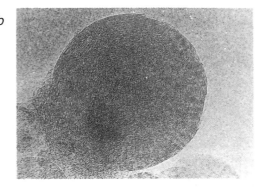

◀ 圖 1.33
由石墨狀碳薄片形成的殼狀結構，變化範圍更大了。
a. 顯現的，是其中特別有趣的一種，它是中空、巢疊式的多面體粒子。長得很像飯島澄男的管子，而且可以裝入金屬晶體（在這個例子裡，粒子裡裝的是碳化鑭，就是圖中那個較黑的物質）。
b. 緊密同心石墨組成的「洋蔥」。首先對它進行詳細研究的是瑞士洛桑聯邦工藝學院的烏加德（Daniel Ugarte）。
（感謝日本三重大學齋藤彌八教授（a）及烏加德教授（b）提供照片）

　　現在已清楚因為石墨狀薄片可以像紙一樣捲曲或摺起，所以幾乎可以形成任一種碳結構。自從 1990 年富勒烯的量產方法有了突破後，這個領域的研究擴張得很快，幾乎無法預測明天又會有什麼成就出現。不過史莫利說，有一件事是可以確定的：「富勒如果有知，一定高興得不得了！」

降低反應障礙

幫助化學反應順利進行

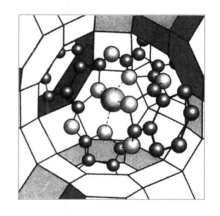

這件工作不在乎要費多少力氣與多艱難,也不在於到完成的
途中有什麼阻隔與障礙,只要違逆自然就起不了作用……

——帕拉賽瑟斯★

★

帕拉賽瑟斯(Paracelsus,
1493-1541)是瑞士醫師、
煉金士,發現並運用了多種
藥物,促進藥物化學的發
展,對現代醫學很有貢獻。
著有《外科大全》和關於梅
毒的論文。

　　本書討論的議題多樣雜駁，但一以貫之，就是「轉變」。我們現在碰巧就要討論「轉變」的概念。

　　化學的重點就是轉變，轉變是指物質從一種物質變化成另一種，或者在物理狀態上的轉變。一般而言，相對於物理轉變，我們所認識的化學轉變，也就是「化學反應」，與化學鍵的斷裂和形成有關；也就是牽涉到原子間的交流與交換，原子從某一個位置被踢出來，再擺到另一個位置。

天然 vs. 化學

　　我們今天碰到、用到的物質，很少是「天然的」；大部分的東西，都是經過化學反應後的產品。塑膠、還有現今的新型態布料，都不是從地底挖出就直接得到的，而是從原油合成而來的。原油裡含有塑膠與布料所需要的全部組成原子，只是組合方式不同。而紙與薄木片的差別也很大，紙的潔白、堅韌、易曲性，是經過繁複的化學處理才得到的。

　　大部分的金屬都必須使用化學方法從礦砂中萃取出來。而金屬也常常做成合金，例如不鏽鋼、黃銅及白鑞製器。藥品、食品添加劑、和化妝品的成分，這些充斥我們家中的化合物，都是經過極為精細的化學反應才得來的，而這些東西的面貌與原料的外觀，往往已經大為不同。

　　對多數人而言，「化學物質」這個詞彙，等同於「高度合成的物質」（例如「這個食品含太多化學物質」），他們以為所有的化學物質都是人造的。

　　現在大家想回頭使用天然產品的慾望日益增強，但並不是真心的想逃離化學本身，而是意識到也許人體的化學性質，與天然的

化學性質較相配，因為天然界的高超合成能力，遠超過我們人力所能及〔儘管伯西拉特（見第25頁）有不同的看法〕。

化學反應的條件

　　化學工業和自然界都在想辦法，把天然單純的起始材料，重新排列組合成更有用的化合物。

　　大體上這不只是要選擇包含所有正確原子的起始材料，再把它們混成一大鍋：這樣做的話，多半會得到一堆各種無用的物質，而目標產物的產率很可能只有一點點，也可能毫無反應，空留一鍋充分攪和，像還沒烤的蛋糕糊一樣的反應物。

　　有系統的化學合成需要一套規則，以判斷化學過程所導致的結果：主要產物會是什麼？在什麼條件下會發生反應？

　　僅僅把反應物加在一起，就可以自動進行有用的化學反應的情況相當少見。不過有時候單單加熱，或只是攪拌、搖晃，就足以使反應進行，而在某些情形下也會用到光和電。

　　但是，在很多重要的工業製程中，只用這些方法還不夠，還要加入相當神祕的「促進轉變物質」：這種物質本身並不是反應物（因為它在反應時不會消耗），不過它會啟動反應，如果沒有它，反應就開始不了。

觸媒來幫忙

　　這一類物質稱為觸媒（catalyst）。它好像具有某種魔力，能使反應進行，卻不會失去或得到原子。有一些觸媒是金屬或金屬氧化

物之類的大塊固體的小顆粒，有的則是和反應物共用溶劑的單分子。有一些只是使反應開始，也有的還可以決定混合產物爲何。

　　在美國，化學工業的總產物中，約有百分之四十三都要靠觸媒的作用。觸媒在生物體內的化學世界扮演的角色，實在太重要了，如果沒有自然界的觸媒（或稱爲酵素，enzyme），溫和促進反應進行，身體裡大概都沒有反應會發生。

　　觸媒這個現代化學的點金石也許形式變化多端，但是作用方式可一點都不神秘。本章將解釋觸媒如何作用，舉出一些例子說明它如何高明的控制反應。

　　我們一定要明白，觸媒的作用並不是奇蹟。它們幫助反應發生，但前提是反應本身要「能夠」發生。也就是說，我們必須要分清楚反應是「基本上可以」還是「實際上將會」發生。觸媒只能影響後者。要瞭解觸媒如何作用，我們首先來看看反應是否能發生，是由什麼所決定的。我們怎麼知道某一組起始材料，可以經過轉變，合成出有用的目標產物？

化學驅動力

最終產物

　　很多化學反應看起來完全是單向的過程。我們用一組化合物（反應物）起頭，在適合的條件下把它們混合，進行包括原子重新配置等轉變，產生一組新的化合物（產物）。化學家把這種反應過程，用簡單的方法來表示，以箭頭表示反應方向，反應物在左邊，

產物在右邊：

$$反應物 \longrightarrow 產物$$

　　我們說過，在很多情形下，要給一些刺激才能使反應發生，可能要把所有反應物一起搖晃，或者加熱（這兩種情形下，我們實際上都是在進行能量供給）。

　　反應一旦開始，好像就不會再回頭。產物放得再久，都不會有再變回原反應物的傾向。以在空氣中燃燒木頭為例，這個反應牽涉到空氣中的氧分子和木材纖維中複雜的有機分子（主要是纖維素的碳水化合物）。產物主要是二氧化碳氣體和水，外加一些木材中含氮分子產生的氮氧化物，還有以煙灰和木炭形態出現的大量純碳。反應必須以點燃木頭來啟動，而反應一旦開始，就自動一直持續。

　　即使我們在密閉箱中（要有足夠的氧氣）進行燃燒反應，產物都留在原處，過些日子再打開箱子，我們絕不會發現氣態氧化物和煙灰，再神奇結合成原來的木塊和氧氣。也就是說，反應為：

$$木材 + 氧 \longrightarrow 碳和氮的氧化物 + 水 + 煙灰$$

這個方向的反應可以進行，但逆向就不行。

　　這個例子顯示的不可逆性，其實並不令人意外：幾種不同的氣態氧化物，會突然自行重新排列，回複雜的纖維素分子結構，是難以想像的。

　　不過，也有很多簡單的反應沒有明顯的方向偏好。

把鋅片浸到硫酸溶液中，它會不會與硫酸反應？會的，但如果換成銀就不會。

同樣的，為什麼鐵在空氣中會受腐蝕，形成紅色的氫氧化鐵（鐵鏽），但是金子在相同狀況下，仍能保持原有光澤？為什麼氫氣碰到氧氣會爆炸，而形成水，而不是水爆開成為氫和氧這兩個水的組成氣體？

我們的世界就充滿著這樣的神秘事件。

科學家來解秘

但是經過19世紀科學家，像是美國的吉布斯★、英國的焦耳◆和德國的物理學家兼生理學家亥姆霍茲♣等人的努力，這些事件已不再神秘難解。

這些科學家的研究，確認出規範自然世界變化方向的是哪一些規則。他們的研究並不是針對化學事物，而是探討較共通的問題——熱在不同系統間如何傳導？即所謂的「熱力學」（thermodynamics，意指，熱的運動）。

熱力學墊基礎

熱力學是關於轉變的基礎科學：它提供一種科學架構，描述世界上所有的變化過程，從黑洞的形成到身體的新陳代謝途徑，從太陽提供的熱能如何控制天氣形態到宇宙擴張的結果。

這些現象有一個共通的問題：為什麼它們會以這種方式，朝這個方向進行？而不是以其他方式或朝其他方向？為什麼墨水滴入

★
吉布斯（Willard Gibbs, 1839-1903），美國物理化學家，發展出統計力學，而液體的滲透壓、描述反應發生方向的自由能及化學勢，也都是他提出的。

◆
焦耳（James Prescott Joule, 1818-1889），英國物理學家，奠基熱力學第一定律。

♣
亥姆霍茲（Hermann von Helmholtz, 1821-1894），原本是生理學家，後成為著名數學和物理學家。他把能量形成與守恆的概念，作了一次整合。

水中總是會暈開，而著色均勻的溶液永遠不會再分離，還原出原來的墨滴？水為什麼不會往上流？為什麼時間總是一去不復返？

　　毫無疑問，熱力學家已經發現，他們必須解釋一些非常深奧的問題。

亂度為熵

　　不過，有一個通用的法則，包含在所謂的「熱力學第二定律」中（你也許會問，那什麼是第一定律呢？熱力學第一定律就是我們一般所說的「能量守恆」——能量不會消失，只會從一種形態轉變成另一種形態）。

　　第二定律說明，所有可行的轉變，都會使全宇宙的熵（entropy）總量增加。（嚴格講起來，它是說熵不會減少，因為有一類的轉變是確實可逆的，使全宇宙的熵保持不變）。最近，熵這個名詞已經常見於日常用語中了，但是卻蒙上某種神秘面紗。其實，它根本不算很神秘。

　　熵可說是一種計算「亂度」（disorder）的方法，例如：一堆磚塊的熵，大於一棟房子的熵。同樣的，液體的熵比晶體的熵更大，因為液體分子沒有次序的滾來滾去，而晶體分子則有條不紊的疊成規則的樣式。

　　第二定律因此說：宇宙的亂度會愈來愈大。這種說法也許看起來深奧且神秘，但事實上它說的就是，事情會朝向最可行的方向進行：事情比較可能變亂，而不是變得有秩序。第二定律是一種統計定律，它並不絕對禁止使熵減少的變化發生，而僅說如果有極多量的分子存在時，這種變化很不可能發生。

吸熱還是放熱？

雖然熱力學第二定律可以指出化學或其他變化的方向，但是它對化學家並不太有實際的用處。因為第二定律針對的是整個宇宙的熵，而你可以想得到，要測量全宇宙的熵並不容易。

要預測化學反應會往哪個方向發生，我們不僅要知道反應物和產物的熵差別有多大，也要知道放出（或消耗）的熱，對環境的熵產生多大的改變。

我們很難詳細確定，反應產生的熱怎樣改變環境，因為這跟環境本身的特性有關。不過幸好我們不需要太擔心這些來龍去脈，因為對環境放熱產生的熵變化，只與熱量「大小」有關。

如果化學系統中，熱的損失或增加伴隨著體積的改變（例如放出氣體），這也會影響周遭的熵。當有這類體積的變化發生時，我們就說化學系統對環境「作功」（這種功是可以操控的，例如我們可以改變體積來帶動唧筒），在計算總熵的改變時，一定要把這個功列入考慮。

吉布斯自由能

如此，我們就可以藉由第二定律，來判定化學變化的方向，只要知道反應物的熵、產生或消耗的熱、以及對環境作功的變化就成了。而這些，基本上都是可以測量的。吉布斯用「吉布斯自由能」（Gibbs free energy），來表示這些判斷反應方向的量，這些量的大小代表在轉變時，不同的因素占總熵變化的比例。

吉布斯自由能代表「系統熵的變化」和「環境熵的變化」之間的平衡；環境熵的變化，代表了「焓」（enthalpy）的量，也就

是熱的總變化（大部分是來自化學鍵的斷裂和形成）和作功（因為體積的改變）的總和。

　　如果系統和環境（即宇宙的其餘部分）的總熵增加的話，那就表示化學反應是可行的：它的意思就是，如果產物的熵比反應物的熵少的話，則環境增加的熵就必須能彌補並超出減少的熵，而環境增加的熵是由產物放出的熱，或體積變化作的功而來。定成規則就是：吉布斯自由能必須減少（嚴格講起來，這只在系統的溫度和壓力都要維持一定時成立。在不同的條件下，有其他類的自由能來替代吉布斯所定義的自由能）。

　　吉布斯自由能要減少，顯示反應是往「下坡」的方向進行。這和球放在山丘高處會往下滾，使位能減少的意思一樣（位能減少多少與球距地面的高度有關），化學反應會朝向自由能減少的方向進行（見次頁圖 2.1）。

動力學的障礙

可能 vs. 實際

　　如只用「自由能降低」的標準來判斷，這本書或讀者你，好像都不會存在世上。也就是說，如果你與書都燃燒起來的話，自由能就能顯著的減少。

　　事實上，有機物燃燒不只會產生大量的熱，使環境中的熵增加，也把人體或紙張纖維的整齊分子結構，轉化成亂度很大的氣態二氧化碳和水，產物的熵大量增加。這樣就使宇宙的總熵提升頗

多，也就是吉布斯自由能大量減少。

　　然而除非把這本書或讀者你（但願這樣的事不會發生）丟入火爐中，否則你們仍會繼續存在於這個多氧的大氣中好長一段時間。

　　那麼吉布斯判定化學轉變是上下坡的標準，是在哪裡出錯了？還好，它並沒有錯。它只是一個在「原則上」（僅僅是原則）判斷反應會不會進行的標準。它並沒有說「實際上」會不會發生。大部分下坡的化學反應常會受阻而無法發生，或至少是不以明顯的速率發生。

　　決定反應是否可行的是「熱力學」，它是以焓、熵和自由能來判定反應是否可行，而影響反應能否進行的則是所謂的轉變的「動力學」（kinetics）。

　　要瞭解動力學障礙，我們需要探討在反應當中，分子所發生的事。產物分子中原子連結的情形，必然與反應物分子中的情況不同，這是化學反應根本的本質。化學變化包括鍵的斷裂且（或）形

▼ 圖2.1
在定溫定壓下，吉布斯自由能決定了化學反應的「下坡」方向：
當終產物的吉布斯自由能，低於起始物的自由能，反應就會進行。球滾下坡到較低的地方時，位能自然降低；但是它不會主動滾上坡。

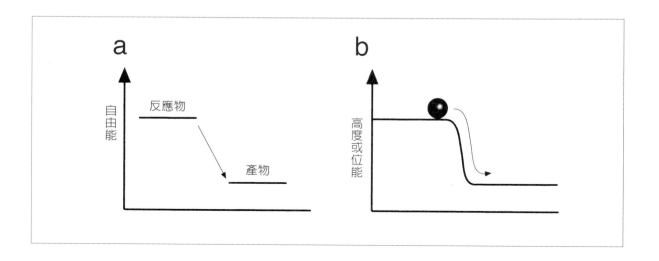

成，不管反應物和產物相對內能情況爲何，鍵的斷裂總是需要能量。換句話說，反應的起始步驟通常是上坡：必須要供給能量，使分子斷裂，原子重新組合後再合併（並放出能量），成爲新的組成。

即使反應有潛力放出大量自由能，也要先供給能量才有辦法進行。用先前「球」的比喻來說，現在球是停在高原上，受隆起的小坡擋住無法滾下坡；要使球滾落山谷，必須給它動力越過小坡（圖2.2）。

化學家通常用圖 2.2a 這類的圖形，來描述反應熱力學，依反應的進度，水平「運動」翻過自由能障礙，滾下山谷。圖的橫座標（稱爲反應座標）代表組成原子間鍵結變化的程度，換種說法，就是反應「程度」。

雖然有一些反應，的確在一開始時反應分子就分裂成小碎片，再以新的方式合併，但也有許多其他反應，舊鍵的斷裂和新鍵

▼ 圖 2.2

反應要進行，通常必須先克服自由能「障礙」。

a. 首先反應物的自由能增加、化學鍵變弱，超越障礙後，自由能降低。

b. 就像球受山丘阻隔，無法滾下坡。同樣的，反應要進行，必須要先藉由外力推過自由能障礙。

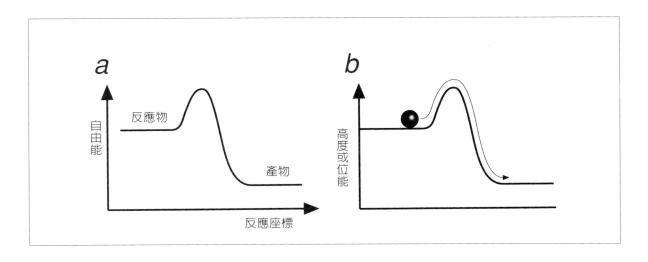

的形成差不多同時發生。而且通常反應物和產物分子中，不參與反應的原子也會有緩慢重組的情形。如此，從反應物變成產物，因為會經過不穩定的過渡原子組態，所以反應過程和緩。

以溴甲烷（CH₃Br）和氫氧離子（OH⁻）的反應為例，溴甲烷把它的溴和氫氧基交換而變成甲醇。

$$CH_3Br + OH^- \longrightarrow CH_3OH + Br^-$$

上式代表溴甲烷在氫氧化鈉溶液中的結果，因為產物的自由能比反應物的低。在把溴原子逐出時，氫氧基採取迂迴路徑：它偷偷搭上溴甲烷，從後面把溴推出去。在反應的某一階段，這個分子是處在很不自然的「半途」位置，它以碳原子為中心，一邊有溴原子，而另外一邊則為氫氧基（圖2.3）。

這種怪東西的自由能很高是毫無疑問的，因為它很擁擠而且碳與溴、碳與氫氧基的鍵結，強度都很弱。這種過渡產物處在能量障礙的頂端，這個障礙隔開了反應物和產物，稱為「過渡狀態」（transition state）。此時只要稍給動力繼續推進，就會離開過渡狀態，形成產物，但如果推向反方向，它就會變回原來的反應物。

反應發生得快或慢，是要看有多少個反應物分子能有足夠的能量，超越自由能障礙。我們可以加熱系統來增加高能量分子的數目，以達成反應速率增加的目的。

即使在熱力學是利於反應的進行，反應物分子也無法全部消耗完，因為總是有一些產物分子有足夠的能量，可以越過自由能障礙，「變回」反應物。

最後，反應系統會到達穩定的狀態，使反應兩邊的平均分子

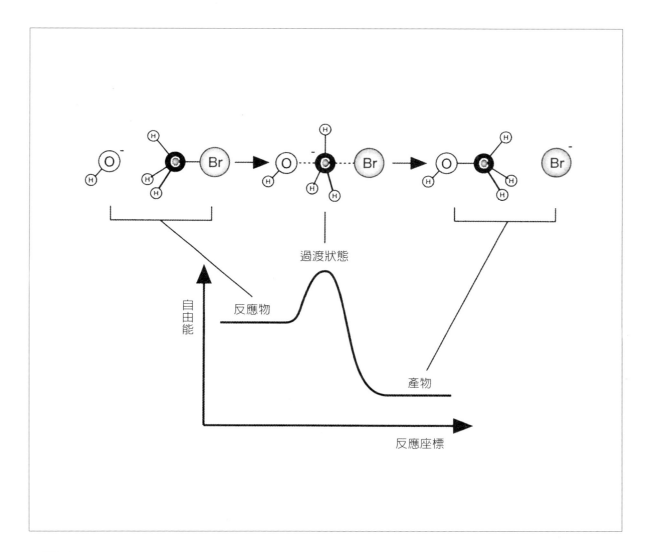

▲ 圖 2.3
當溴甲烷以氫氧離子水解時，反應物必一定會經過一個高自由能的狀態，
這時碳原子身邊擠了 5 個其他的原子，就是所謂的過渡狀態。

數目不再改變，也就是達到所謂的「熱力學平衡」（thermodynamic equilibrium）。而產物的自由能低於反應物的自由能愈多，就愈難使產物分子再翻越障礙，所以在平衡狀態下，得到的產物比例愈高。加熱化學系統時，正反應與逆反應的速率都會增加，因此比較快到達熱力學平衡。

超越反應障礙

不過，用加熱來增進反應速率，是相當粗糙的方法，而且可能會使反應更加複雜。首先，因為必須要供給能量，所以反應成本會提高。同時，反應物和產物在高溫時也較不穩定，因為提高溫度也許會加速其他不想要的過程，例如把我們想得到的分子弄斷等。

反應物中有多少比例的分子，具有超越反應障礙能量，不只與溫度有關，也與障礙的高度有關。如果我們可以使障礙降低，那麼在同樣的溫度下，就能有較多的分子進行反應，而較快達到平衡。而障礙的高度是由過渡狀態的自由能大小來決定，也就是與那個短命分子的結構有關。

觸媒巧扮媒人

觸媒的功能就是降低過渡狀態的自由能，使它穩定一點。更精確的說，觸媒必須要與反應物作用，形成較低自由能的改良過渡狀態（圖2.4）。真正的觸媒必須在這種交互作用中，毫髮無傷的脫身：一旦越過自由能山丘，過渡狀態就會演變成產物，而觸媒恢復原貌，自由自在的對反應物分子再做同樣的工作。

如果在反應過程中，觸媒稍有改變或消耗，就要經常補充；這樣子，它就不是眞正的觸媒，而僅是另外一種反應物而已。

均相異相都可以

大體來說，觸媒可以分成兩類。要說明這兩類的差別，可以把反應物分子想像成害羞的男女，儘管是天設地造的一對，但如果沒有外力幫助的話，會因太害羞而無法結合。觸媒扮演的，就是牽紅線的媒人，把有情人湊在一起，互相介紹認識、找雙方都感興趣的話題來熱場。用化學的專業術語來說，媒人觸媒是像反應物一樣的單分子，也和反應物處在同樣的狀態，譬如，觸媒和反應物統統在氣態下或在溶液中。這種類型的化學反應，就稱爲「均相催化」（homogeneous catalysis）。

另外一種情形，我們可以安排這一對男女，在輕鬆友善的環境下見面。例如，如果兩位都是愛樂人，就安排他們去聽歌劇，在那種情形下，關係會進展得很快。提供良好反應環境的觸媒，狀態

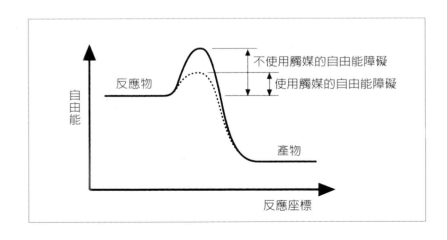

◀圖2.4
觸媒的功用是降低反應的自由能障礙；換句話說，就是降低過渡狀態的自由能。

通常都與反應物的不同：觸媒是固體的，反應物就會是液體、氣體、或溶質。在這種環境下，反應物通常會聚在觸媒的表面，於是觸媒表面發生反應的機會就會增加；這一類觸媒擁有分子尺度的籠子或溝道，反應物會陷入其中而緊密相聚。

這一類作用稱爲「異相催化」（heterogeneous catalysis）。有一些研究人員現在正把觸媒的研究焦點，放在均相與異相系統分界之間的地帶，也就是用來當觸媒的原子簇，比反應物分子要大，但沒大多少。這種新型的催化方式，雖然才剛發軔，但研究人員希望它能兼具「均相」與「異相」催化的優點。

千挑萬選苦心設計

均相觸媒通常是經過仔細選擇或設計的分子，可以用特殊的方式與反應物作用，常用來確保在幾種可能產品中，只有一種可以產生。要成功設計這一類觸媒需要詳細知道，反應物之間以及反應物與觸媒之間如何作用。不過直到最近幾十年，這種資訊才比較容易得到；在更早以前，使用均相觸媒很像是進行錯誤嘗試。

基本上，均相觸媒擔任的工作比大部分的異相觸媒都複雜，最好的例子就是酵素，這個大自然設計出來靈巧的均相觸媒。雖然我們對酵素的催化作用還只有初步瞭解，但顯然我們可以從酵素身上，學到很多設計合成均相觸媒的方法。

異相催化是比較老式的傳統方法。這類觸媒雖然比它的均相對手粗糙且選擇性較差，但卻是工業化學的主力，有時候也在天然的過程中扮演重要的角色。還有，近年來發展出的新異相觸媒，選擇性並不亞於均相系統。

接觸表面就能催化

　　金屬表面是典型的異相觸媒，鎳、鈀、鉑等過渡金屬更是如此。這些材料可以帶動非常多的氣體間反應，如果沒有它們的話，這些反應就幾乎動不了（表2.1）。

　　如果有鉑存在時，一氧化碳與氧會化合成二氧化碳，這就是觸媒轉化器的主要原理。鎳也可以觸發各種不飽和碳氫化合物與氫氣進行反應，形成飽和的碳氫化合物。因為可以把不飽和的植物油變成飽和，所以這是食品工業中重要的製程。

　　氨氣是肥料和炸藥中很重要的原料，以哈伯法（Haber process）——氮和氫在鐵觸媒上反應，可以大量製造氨氣。鉑和銠的混合觸媒，能幫助氨氣和氧氣化合成硝酸；鉻和鈦為基礎的觸媒，有助於乙烯變成聚乙烯，對於石油化學工業來說，鉑和其他金屬觸媒非常重要，石油工業主要是由原油提煉出各色各樣的原料，來製造塑

表2.1　一些工業上重要的金屬觸媒反應

金屬觸媒	反　應
鎳	氫　+　不飽和植物油　→　飽和植物油
鐵	氮　+　氫　→　氨
銀	乙烯　+　氧　→　環氧乙烷
鉑/銠	氨　+　氧　→　硝酸
銥/銠	一氧化碳　+　氧　→　二氧化碳

膠、燃料等等。

在所有的這些例子中，反應原本受阻於難克服的自由能障礙，但因爲有了金屬表面的存在，就可以大大的加速。觸媒機制在各種情況下的原理都相同，都是靠材料表面上金屬原子特殊的反應性來催化反應。

這些外露的原子形成鍵結的能力很強，很容易和碰到表面的氣體分子合併，這個過程稱爲「吸附」（adsorption）。金屬表面的原子與吸附在金屬上的氣體分子〔稱爲「被吸附物」（adsorbate）〕間的交互作用力，與兩者的化學性質有關，因此呈現出的強度，差別很大。

物理吸附 vs. 化學吸附

有時候兩者間會形成化學鍵，氣體分子緊緊的固定在金屬表面，這種情況稱爲「化學吸附」（chemisorption 或 chemical adsorption）。另外一種鍵則相當弱，雖然可以使被吸附物靠近於金屬表面，但大概不能阻止它由一個表面遊走到另一個表面，這種稱爲「物理吸附」（physisorption 或 physical adsorption）。

根據經驗，在進行表面吸附時，氣體分子不能夠一直停留不動。化學吸附的分子，會重新配置已有的鍵來形成新的鍵；甚至物理吸附時，也會勉強形成鍵結，這樣一來，受吸附分子內部的鍵必然會減弱。

例如當乙烯附著在鉑上，兩個碳原子之間的雙鍵會打開，改與鉑形成鍵結（圖2.5a）。受吸附分子上的鍵，減弱的程度常常很明顯，所以分子會分解，使得原子或分子裂片在金屬表面遊蕩。例如，在鐵的表面上，一氧化碳分裂成它的組成原子——碳和氧（圖

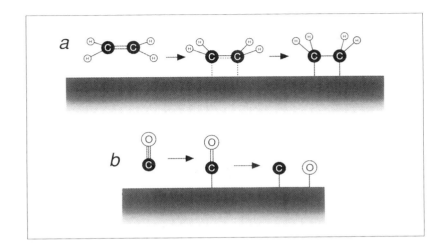

◀ 圖 2.5
a. 當乙烯分子化學吸附在鉑的表面，它的雙鍵會打開，碳原子會和金屬表面形成鍵結。
b. 而化學吸附在鐵表面的一氧化碳，會使分子完全裂解成原子，再吸附在金屬表面上。

2.5b）。在鉑等金屬表面上，乙烷（C_2H_6）之類的碳氫化合物，可能會完全分裂成個別的碳和氫原子，附著在金屬表面。

　　從催化作用的觀點來說，這個現象顯示金屬表面協助反應物分子裂解，產生的裂片可以在金屬表面上，重組成產物。如果要在氣相中打斷這些鍵結，需要相當多的能量，但是金屬可以使這個過程，在比較溫和的條件下發生。觸媒表面不僅使反應物內的鍵結變弱或斷裂，它還提供一個場所，使反應物可以在此集中，濃度比在氣相時更高，增加相遇的機會。鍵結變弱的效應和物種濃度的增加，都是增進表面催化效率的因素。

調控產物性質

　　由反應物產生的產物，會有什麼確切的性質，常常可以利用變換反應發生的條件來控制，像是改變溫度或者反應物之間的相對比例等。同樣的，產物的組成受觸媒本身特性的影響也很大：不同

的金屬也許會使相同的原料，產生不同的產物或改變產物的比例。

例如，一氧化碳和氫氣在鎳表面反應，主要形成甲烷和水，然而如果是在銅或鈀上面，主要產物卻是甲醇。反應結果也會受觸媒顆粒大小、或支撐金屬的物質有什麼化學性質〔觸媒金屬的顆粒常常是以二氧化矽（SiO_2）或氧化鋁（Al_2O_3）支撐〕、或觸媒的製備方法所影響。

一網打盡無選擇

不過，所有的這些過程都傾向產生混合的產物——想要的產物和一些不想要的副產物。

這種情形並不令人意外：如果我們盡力把反應物斷裂成它的組成原子，可以預期原子重組的結果不會另人滿意。事實上，碳、氫及氧原子的組合方式何止千種，即使是組成簡單的分子也是如此。因此從一氧化碳和氫在銅表面的反應中，如果可以得到相當量的甲醇，我們都應該感謝且訝異。

大部分簡單的表面觸媒和異相觸媒，通常都有這種「無選擇性」（nonselectivity）的缺點。

神奇分子篩

有選擇性的分子網

異相催化反應沒有選擇性，可能是石油化學工業中最讓人頭痛的問題。原油中各種不同的碳氫化合物成分，可以用分餾程序有

效分離；但是要把分餾出的物質轉化成更有用的化學品，就需要觸媒的幫助了。

在第 1 章中已經指出，碳和氫原子可以用各種數不清的方式結合，即使相當輕的碳氫化合物分子，也會有大量的「異構物」（isomer）。因爲簡單的異相觸媒的選擇性很差，所以用碳氫化合物的觸媒反應製備特定化合物，實在是令人卻步的工作。

石頭也沸騰

不過，現在有愈來愈多的材料可以催化這類反應，而且選擇性還不錯，這是過去傳統金屬表面觸媒辦不到的。這些新材料稱爲「沸石」（zeolite）。

最先找到的沸石觸媒是天然的礦物，顧名思義，沸石的意思就是「沸騰的石頭」，因爲天然沸石含有相當量的水，這些水可以加熱去除。不過，現在可以用人工方法合成很多新型的沸石材料。

天然和很多合成的沸石都是屬於矽酸鋁（aluminosilicate），也就是主成分爲鋁、矽、和氧的化合物。鋁矽酸鹽的基本組塊是兩組像四面體的單元：有一組的矽原子受 4 個氧原子包圍（SiO_4），而另一組則是四面體中央的矽遭鋁取代（AlO_4）（次頁的圖 2.6a）。

AlO_4 單元帶有負電，而 SiO_4 單元則不帶電。在沸石中，這些四面體以角落的氧原子互相連接，形成連續的架構。因爲 AlO_4 上帶負電，鋁矽酸鹽的總體架構也就帶負電，而帶正電的金屬離子（通常大多爲鈉）就座落在架構中央的空間，平衡總電荷。

小單元構成大組織

沸石的架構是由籠狀的單元所組成，像是方鈉石籠（sodalite

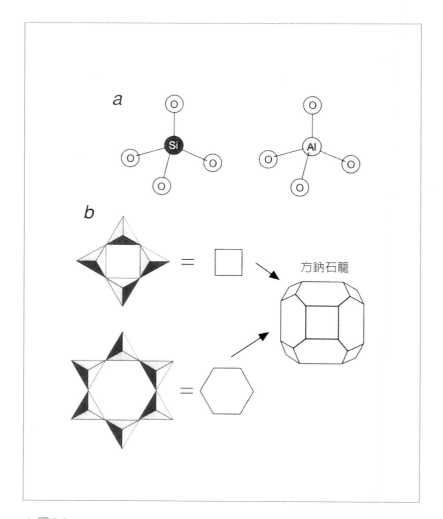

▲ 圖 2.6

a. 沸石的組塊是四面體的 SiO_4 和 AlO_4 單元。

b. SiO_4 為電中性，而 AlO_4 帶負電。這些四面體連接出的四圓環和六圓環，
　 是方鈉石籠之類較大單元的組成成分。

cage）就是一例（圖2.6b），它們是由一連串的大小溝道相連而成的（圖2.7）。這個晶體看起來就像是固體的叢聚，但是原子和原子之間，構成了錯綜複雜的孔洞結構。

小孔洞大作用

　　浮石和沙岩的孔洞較大，用肉眼或光學顯微鏡就看得到；這種大小的孔洞稱爲「巨孔」（macropore），有巨孔的物質強度會較弱，而且容易塌陷。不過，沸石的孔洞就不一樣，它們是晶體原子結構的所造成的，只有幾個原子直徑寬，所以沸石的結構很扎實。這種大小的孔洞稱爲「微孔」（micropore）。

　　因爲沸石內的洞穴與溝道在沸石內部造成許多開曠空間，所以固體總表面積比起看得到的晶體表面大得太多。表面積相較於孔

▼ 圖2.7
a.　Y型沸石結構。
b.　A型沸石結構。
這兩種材料中，大的「超級籠」提供給分子的路徑，是較窄的溝道。

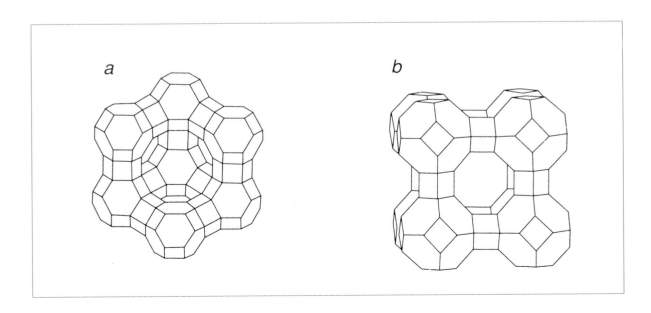

洞內牆的面積，實在是微不足道。例如，1公克重的沸石晶體，總表面積接近1,000平方公尺。

石頭也可以合成

1950年代首度開始以沸石為觸媒，當時研究人員都必須靠天然沸石，勉強湊合著用，而且所有天然沸石的成分，都是矽酸鋁。不過，現在商用的沸石大部分都是人造的，例如沸石ZSM-5就是由美孚石油公司（Mobil Oil Corporation），在1970年左右開發出來的。

這類合成化合物中有一些分子，組成原子不只有矽、鋁和氧；而是特別以磷代替矽，成為多孔的磷酸鋁（aluminophosphate）。在1988年，美國維吉尼亞技術學院有一群研究人員，合成出磷酸鋁，它具有前所未見的大溝道，溝道口是不下於18個原子所構成的環（彩圖3）。這種稱為VPI-5的材料，因為有大孔洞而成為很有用的觸媒。

其他的合成沸石中，也有加入鎵、硼、和鈹等元素的。這種把某一種原子以另一種原子取代的方法，可以用來微調沸石觸媒的性質。

沸石的催化作用

要做為異相觸媒，沸石當然必須有可進行催化反應的「活化表面」（active surface）。矽酸鋁是氧化物，化學性質不同於純金屬。很多氧化物本身就是多功能的觸媒。例如催化碳氫化合物的氧化作用時（就是加入氧氣使之反應，以轉化成含氧的有機化合物），就會用到釩和鉬等金屬氧化物。丙酮與甲醛這些重要的工業

化學品，就是用這種方法製造的。

　　但是簡單的鋁矽氧化物，功能卻不同，不是用來促進氧化反應，而是專門用來使碳氫化合物重新配置成新的形式。特別是使碳氫化合物裂解（使大的碳氫化合物斷裂成較小的片段）、聚合（把小的不飽和碳氫化合物接成長鏈）、以及異構化（isomerization，把分子內的原子重新排列，成為新的結構）。沸石具有的反應選擇性，可以在這些製程中派上用場。

　　微孔洞沸石材料進行催化作用時，會有一些機制讓反應能夠有選擇性的得到產物。

利用孔洞篩選分子

　　其中最簡單的方法，是靠沸石事先選擇反應物：如依照沸石溝道的大小和形狀，篩選合適的分子進入。微孔洞的寬度剛好適合一些簡單的分子，所以沸石也就有「分子篩」（molecular sieve）的作用。

　　像是氫、氮與甲烷等小分子很容易通過孔洞，但是較重的碳氫化合物等大分子，就無法進入。以X型沸石為例，它的孔洞開口比苯分子稍大一些，所以苯就可以進入沸石溝道。但是掛著大基團的苯基化合物，就會被擋在外頭。而A型沸石的孔洞則較小，連苯都容納不了。

　　由於沸石有篩選分子的能力，所以可以大量吸收某些氣體，進入沸石內部由溝道和孔洞造成的巨大空間，而把其他不適合的反應物完全排除在外。

　　這使得我們可以選擇催化作用的途徑。

分子外型有關係

沸石的選擇性吸收，不只牽涉到分子大小，也與分子形狀有關係。

從原油提煉出的飽和碳氫化合物，通常都是細長的鏈狀分子，從尾端看起來，並不會比甲烷分子大多少。所以雖然這些線狀碳氫化合物分子，可能包含相當多個原子，但卻可以像蛇一樣，蜿蜒進入沸石的孔洞。而其他的異構物，有的帶有側鏈結構，有的是主鏈上加掛一些化合物，都會被擋在孔洞外（圖2.8）。如此，沸石可以對單一化合物的各個異構物，進行有選擇性的吸收。

沸石對反應物的選擇性吸收，可以應用在「選擇重組」（selectoforming）的製程上，這個製程用來提升石化燃料的辛烷值：把石油裡低辛烷值的直鏈碳氫化合物去除，只留下有側鏈或接

▼ 圖2.8
直鏈的碳氫化合物分子，可以蠕動進入 A 型沸石的孔洞中，而有側鏈的分子，因為截面積太龐大而無法進入。

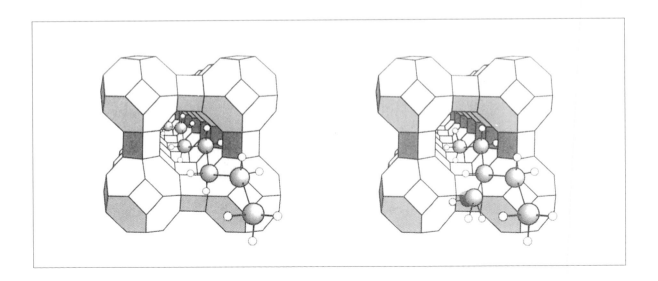

有苯環的碳氫化合物（碳氫化合物愈龐大，辛烷值愈高）。

　　只有直鏈碳氫化合物可以進入沸石的小孔洞中，進而裂解（就是斷裂成較短的鏈，再加熱去除），而其他較龐大的碳氫化合物則留著不動。沸石 ZSM-5 可以進一步改善這個製程，因為它中等大小的孔洞，足以讓帶有一個甲基（CH_3）側鏈的碳氫化合物，進入沸石內部。

空間大不同

　　因為分子篩內部的空間有限，使得進入沸石裡面的化合物，只能形成某些特定產物分子，這也造就了分子篩的另一種選擇性。沒有進入沸石孔洞時，反應物可能混合形成的一些產物，在反應物進入沸石內後，卻可能因為沸石內部通道空間有限的緣故，無法形成（見次頁圖 2.9a）。

　　相反的，有一些產物會在分子篩的籠子內形成，但因為太大而無法從窄的溝道跑出來，所以從沸石出來的產品混合物就不會與在裡面真正形成的成分相同。不過，這種把太大的產物困陷在裡面是它的一項缺點，這種情形會使孔洞堵塞。

過渡狀態

　　還有一種情況也很相似，但是隱約有所不同──產物的選擇性是因為過渡狀態的選擇性而來。

　　我們在前面看到反應如何從反應物經由過渡狀態到產物。因為通常代表反應物分子一起進去（也許之後會再以不同形式分開而形成產物），過渡狀態通常比較大，是比反應物或產物還要龐大的怪物。所以在分子篩內可能產生的不同反應途徑，就會受空間的限

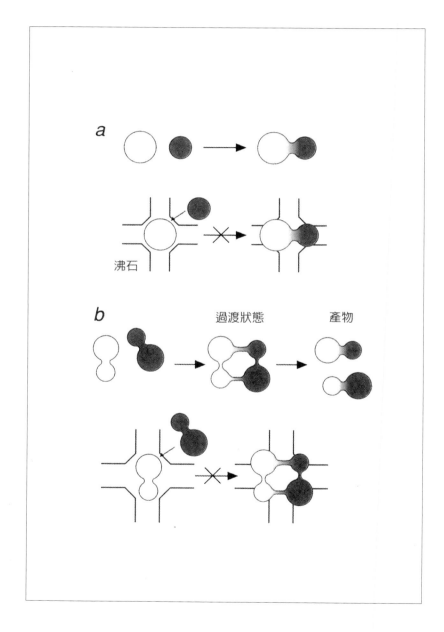

圖2.9 ▶
沸石內部催化作用的選擇性：當反應物進入溝道或大孔洞時，也許會因為沒有足夠的空間，無法形成某些產物。

a. 可能的產物如果太大，就無法在超級籠內形成

b. 如果反應生成的過渡狀態太大，反應也會受抑制。

制，以致無法形成它的過渡狀態（圖 2.9b）。當然，這樣的反應途徑就會給篩除掉。

以沸石爲分子容器

雖然在石油化學工業的很多催化製程中，沸石都發揮了相當重要的功能，但有一些研究人員覺得沸石的功用過於定型，幾乎抹扼殺它的潛能。他們認爲沸石不是只能當篩子來區分出不同的碳氫化合物，沸石的溝道和孔洞看起來就像是分子級的鷹架，有可能開發出很多有用的新用途。

瓶中船來幫忙

其中的一種用途，是做爲「瓶中船」觸媒，這是美國杜邦公司的賀隆（Norman Herron）團隊所開發的。賀隆的想法是在沸石的超級籠子內裝觸媒分子，觸媒會因爲太大，無法從洞穴的窄出口逃離，像窩在蜘蛛洞的蜘蛛一樣，永遠留在晶體裡，等待進得了通道的小分子進入，執行觸媒功能。這樣就會得到可重複使用的「複合觸媒」（composite catalyst），且這種觸媒很容易與產物分開。

要讓沸石把觸媒分子包起來，就得把觸媒的組成成分從沸石溝道注入，使觸媒在超級籠子內組合，這就像製作瓶中船，你必須從瓶口把船隻的零件送入瓶中，在瓶裡進行組合。

杜邦的團隊的原型系統，是用 Y 型沸石抓住稱爲「莎連化鈷」（cobalt salen）的化合物，莎連化鈷是由有機分子莎連（salen）與鈷離子結合成的「錯合物」（complex）（次頁的圖 2.10）。

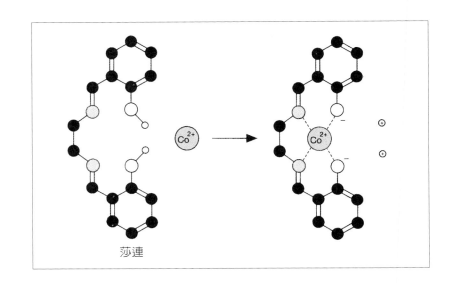

莎連

　　研究人員首先把未鍵結的鈷離子注入沸石的超級籠子中，再把莎連分子從溝道灌入。莎連分子柔軟有彈性，所以通得過溝道，但是組成後的金屬錯合物體積太大，逃不出超級籠子。

　　杜邦的研究人員繼續用這種製造「瓶中船」的方法，開發催化系統，模仿天然酵素「細胞色素 P450」（cytochrome P450）。

　　細胞色素 P450 這一類的酵素，善於在非常溫和的條件下（例如生物體內），把氧原子加到有機分子上。細胞色素 P450 分子上有催化活性的部位是一個錯合物，這個錯合物是嵌了 1 個鐵原子的比咯紫質（porphyrin）（圖 2.11a）。

　　賀隆團隊在 Y 型沸石內組合的含鐵複合物，稱爲酞青鐵（iron phthalocyanine）（圖 2.11b），他們期望酞青鐵的功能可以與天然細胞色素相仿。研究人員把鐵和酞青素（phthalocyanine），分頭由沸石溝道通入，讓錯合物在超級籠中形成（圖 2.11c）。

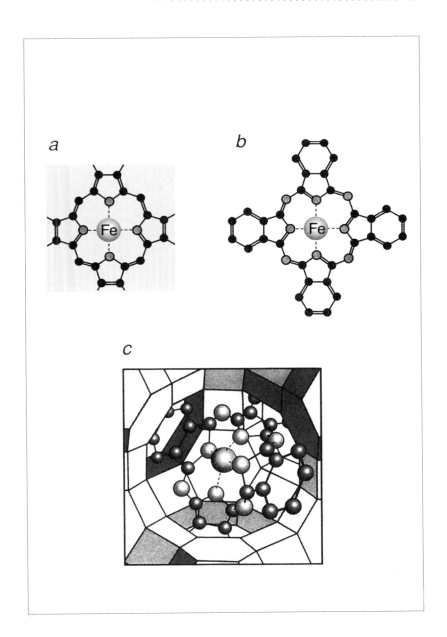

a

b

c

◀ 圖 2.11
酞青鐵（b）模仿天然細胞色素 P450 中，有催化活性的單元「比咯紫質」（a）。
酞青鐵錯合物是在 Y 型沸石的超級籠子內組合的，屬於「瓶中船」型的觸媒（c）。
圖（c）是按照杜邦公司賀隆的圖所畫的。

酞青鐵分子自由的浮在水上時，會傾向於互相反應，而把氧化其他有機分子這些該進行的工作，擱在一邊。但是當酞青鐵分子陷入沸石的超級籠子時，就無法互相碰觸，因此保有催化能力。當加入氧後，沸石裡的錯合物的確展現出，有能力氧化簡單的碳氫化合物。

沸石當分子模

在這些例子中，沸石籠子的作用就像「分子瓶子」，提供了化學反應進行的場地。而相關的概念是利用沸石孔洞的通道、洞穴當成「模子」，控制物質生成的理想大小與形狀。

例如，在沸石超級籠子中結出的晶體，每一個的大小和形狀應該大致相同，而且可能僅含幾十個原子而已。基於種種理由，研究人員對這種微小的晶體（或「原子簇」）非常感興趣，其中的一個原因，就是小晶體可能會有「自催化活性」。

原子簇受注目

其中特別吸引人的，是半導體材料的原子簇，這些原子簇因為體積這麼小，吸光性質應該滿有趣的。這一類經常稱為「量子點」（quantum dot）★的原子簇，也許可用做為光學電腦（不用電而是用「光」，來進行資訊處理）的電晶體或開關元件。

杜邦公司的研究人員以及其他地方的科學家，已經在沸石洞穴內生成半導體硫化鎘原子簇，原子簇的體積受限於沸石內的空間，幾乎有一定的規格。因為沸石孔洞內壁可以抓住分子，所以沸石也可以充當分子模，進行分子複製：像模板一樣，大量複製分子。這類複製過程令人聯想到某些生物過程，特別是DNA分子的

★
量子點的進一步介紹，請參閱《IC如何創新》一書（天下文化出版）。

自我複製（見《現代化學II》第5章）。

大天然中的催化作用

酵素：自然界的工程師

當以沸做石為有高度選擇性的觸媒時，作用機制就非常像天然觸媒——酵素。

酵素是巨大的蛋白質分子，分子內常常含有數千個原子，酵素分子的結構使它在進行催化作用時，對受催化分子的形狀非常敏感。酵素和沸石一樣具有孔洞，可以讓目標分子進入，在孔洞內進行化學反應，而酵素的「活性」成分是嵌在觸媒表面的金屬離子。

鎖與鑰匙

不過大體上，酵素在分子上的作用要比沸石複雜且靈巧得多。沸石只是很粗略的靠孔洞大小與形狀，來選擇作用的分子，然而大自然設計的酵素，與目標分子的關係就像鎖與鑰匙一樣，也就是說，通常只有一種目標分子〔酵素的受質（substrate）〕的形狀，可以與酵素的觸媒位置恰好吻合。所以大部分的酵素只能有定義明確的單一催化作用，這跟合成觸媒可以催化各類型反應的特性，大不相同。酵素的選擇性這麼好，是因為具有「分子辨識」能力，詳細內容我們將在《現代化學II》的第5章討論。

所有發生在生物體內的化學作用，差不多都要靠酵素來催化。一般認為天然產生的不同酵素有7,000種；這數目看起來很

多，但是一想到現在約有 3 百萬到 3 千萬種不同的生物，就會明白某些酵素一定在差異很大的不同生物上，做著同樣的工作。在真菌與細菌、魚與人這些生物體中，都發現了很多同種的酵素。也就是說，一旦演化找到處理生化過程的好方法，就會一直用下去。

蛋白質酵素

所有的酵素基本上都是蛋白質分子，是以胺基酸為基本單元組成的聚合物。蛋白質中已經鑑定出 20 種胺基酸，胺基酸具有「酸基」〔就是羧基（carboxyl group），COOH〕和「鹼基」〔即胺基（amino group, NH_2）〕（圖 2.12）。這兩種官能基會進行作用，產生化學鍵結，形成所謂的「肽鍵」（peptide bond）。

以肽鍵連結的胺基酸鏈，一般稱為「多肽」（polypeptide），蛋白質就是天然產生的巨型多肽。我們體內很多的纖維組織，都是由非酵素的蛋白質組成的，例如形成皮膚、頭髮和指甲的角質素（keratin）、形成腱的膠蛋白（collagen）和構成肌肉的肌凝蛋白（myosin）。酵素會有這種高度特殊的形狀（彩圖 4），是因為多肽鏈進行巧妙的收攏，而這個過程我們至今還不太清楚。

酵素有雙重特質

通常，酵素的寬度約為 1 微米的十分之一（100 奈米），有很多酵素是由一個以上的分子單元以非共價鍵組合成的。因此還不清楚它們應該是均相觸媒還是異相觸媒：它們當然比單一分子大，而化學家通常把單一分子歸類為均相觸媒，但是它比異相催化所用的金屬或其他的無機「塊狀」固體小得多。事實上它具備了這兩種特質。

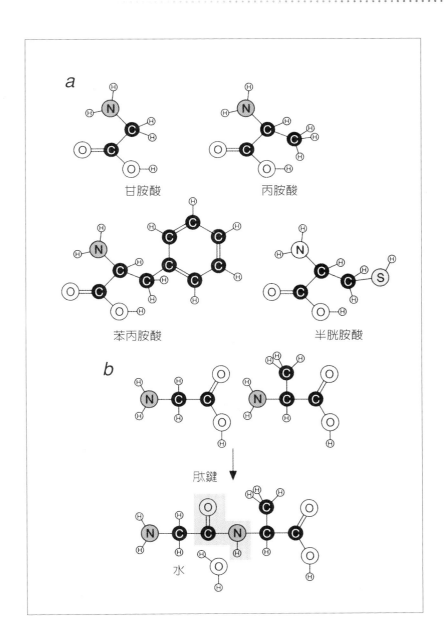

（a）組成蛋白質分子的代表性胺基酸：甘胺酸、丙胺酸、苯丙胺酸和半胱胺酸。（b）在蛋白質中，胺基酸經由肽鍵而連接在一起。在水中，羧基會擺脫一個氫離子，形成帶負電的羧酸根（—CO_2^-），而胺基則質子化成為—NH_3^+單元。像這些同時帶有正電荷和負電荷的分子離子，稱為「兩性離子」。

那些缺了酵素，就進行不了的工作，都是化學家目前根本沒辦法，或很難以人為操控的工作。

通常，酵素的作用是把分子的某部分切除，或把分子的某些部分接起來。譬如我們主要新陳代謝途徑的反應順序，就是先把大型碳水化合物分子拆解成葡萄糖，再分解成二氧化碳和水。

在非生物的催化作用中，要把大分子拆解成小分子，並不太困難，但是酵素的精妙之處，是在催化過程可以加以控制，使斷鍵放出的能量，以化學能儲存起來，而不會變成熱白白浪費掉。其他的酵素，有的可以幫助胺基酸（蛋白質的組成分），組成蛋白質分子，或者把帶有基因的 DNA 分子組合起來，而這些工作，目前有機化學家都還無法做到。

工業用酵素

最理想的催化劑

酵素大概就是工業化學家追求的理想：這種觸媒可以在極溫和的條件下，有效的進行特定工作。因此現在，工業化學家正想辦法利用天然觸媒，進行化學工業所需的反應。

工業上使用酵素的方式有兩種。第一種是在天然的環境——活細胞中，使用酵素。把微生物（如細菌）當做「活的工廠」，利用酵素催化反應，把原料轉變成想要的產物。

這種方法的好處是，進行催化時，酵素可以得到所需的各種配合。為了要使催化作用能夠正確進行，酵素多半要和稱為「輔助

因子」（cofactor）的分子、或某些金屬離子一起作用，而這些物質已在活細胞中都有。

　　但是這種過程的結果也不一定可靠，雖然每個特定酵素的作用，都有高度的選擇性，不過微生物可能把反應物送經種種反應途徑，產生的產物會是混合物，其中會夾雜著不想要的副產物。

　　第二種方法是把酵素從細胞中分離出來，並進行大量複製，再使用純的酵素來進行催化。

　　酵素來源可以是培養微生物而來，也可以從動物或植物細胞中萃取所需酵素。分離出來的酵素，可以用來促成極精細的化學合成，不過一定要供給需要的所有輔助因子，而這些輔助因子也需要事先單離（isolate）與純化。而且要想辦法，讓這些酵素分子留在反應系統中，不與產品一起湧出。此種固定酵素的方法，不可以影響到酵素的功能，譬如不能把酵素的形狀扭曲，使它失去活性。

利用微生物由來已久

　　這兩種方法的第一種——「全細胞」法，與釀酒史一樣古老。釀酒人幾世紀以來，利用特殊的釀酒酵母菌（*Saccharomyces cerevisiae*）來使糖發酵，也就是把醣類轉化成醇類。酵母細胞用了好幾種酵素來做這項工作。不過自己釀過酒的人就會知道，「全細胞」法有些風險：如果條件控制得不好，只要一個不小心，微生物就會中毒死亡。

　　麵包酵母（baker's yeast）在某些工業製程上很有用，特別是在需要加入氫原子的時候。例如，合成治癌試劑「可療寧」（coriolin）時，最關鍵、也最精細的步驟，牽涉到把前趨物上五碳環的羰基（$C=O$）轉化成醇基（CHOH）（圖2.13）。這個反應要加入

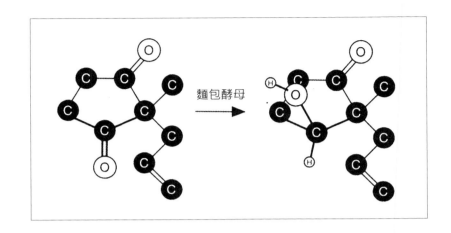

圖2.13 ▶
合成可療寧的關鍵步驟,是把氫加到羰基(C＝O)上。麵包酵母中的天然酵素,保證會在五碳環上的正確位置形成 C－H 鍵。(在這個圖中,要把氫加在左圖朝下的那個氧上,而其他碳上的氫原子並沒有畫出來。)

兩個氫原子,一個加到碳環上,另一個加到羰基上。要用有機合成化學的標準技術,把氫加到正確的位置,實在非常困難;但是對麵包酵母裡的酵母菌而言,這個工作再平常也不過了。

光學活性

左手、右手大不同

　　麵包酵母的反應,說明了酵素催化化學可貴的優點之一,就是「鏡像異構選擇性」(enantiospecific)。

　　大多數的天然物分子都互成鏡像的分子(鏡像分子就像是左手和右手一樣,組成類似但無法同向重疊),互成鏡像的這兩個分子,會含有相同的原子團。這些原子團稱為「對掌中心」(chiral center),通常是碳原子上接4個不同的取代基(圖2.14)。

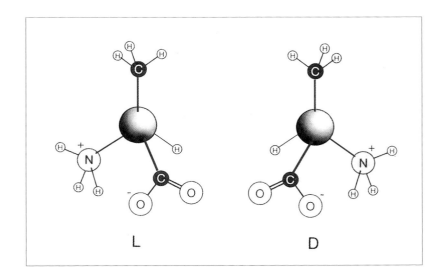

L　　　　D

◀ 圖2.14
碳原子上 4 個不同的取代基，有兩種不同的配置（例如在丙胺酸中，這裡顯示的是兩性離子的形態），這兩個分子互成鏡像。這種分子有「對掌性」，這兩個分子稱為「鏡像異構物」。除非把鍵結弄斷或嚴重扭曲，否則這兩種分子不能互相對換。對掌分子可以旋轉偏振光的偏振面，這種性質叫「光活性」（optical activity）。對掌性異構物依旋光向左偏或向右偏的不同，而以L或D註明。

分子如果擁有對掌中心，稱為有「旋向性」（handedness），是因為它們有旋轉「偏振光」（polarized light）面向的能力，把偏振光以順時鐘或反時鐘方向轉動。

分辨鏡像異構物

這種對掌分子的兩種鏡像彼此互為異構物，除了旋向性不同，其他都一模一樣：這種異構物稱為「鏡像異構物」（enan-tiomer）。在我們體內，對掌分子一般只以一種形式存在，所有的天然胺基酸（除了甘胺酸以外）都是對掌性的，且都是「左旋形式」（註記為L），而所有的醣類分子都是「右旋形式」（註記為D）。

天然的對掌分子是酵素調節生化過程的結果。很明顯，酵素在分辨鏡像異構物時，一定很有效率；換句話說，酵素有高度的鏡像異構選擇性。如果酵素的催化作用涉及對掌分子，酵素通常只會

加速其中一種鏡像異構物的反應；而非對掌性的原料如果會反應產生鏡像異構物，則經過酵素輔助後，在這兩種可能的鏡像異構物中，通常只會產生一種。

非對掌難以成對掌

由非對掌分子製造對掌性分子，對於有機化學家是很大的挑戰，因為除非在合成分子異構物的過程中，多少附加一些旋向性，否則就會產生兩種鏡像異構物的等量混合物，稱為「外消旋」（racemic）混合物。

所以，通常觸媒本身必須是對掌性的。雖然化學家開發了許多這一類的純人工觸媒，但要成功合成這些觸媒，需要經過許多次嘗試錯誤的努力，而實際應用觸媒時也會產生「不對」的鏡像異構物，混雜在所需要的產物當中。

差一點點，天差地別

對掌性藥品會對生理造成嚴重的影響，從「沙利竇邁」★（thalidomide）的事件中，即可見一斑。酵素有能力大量生產合適的鏡像異構物，而且毫無差錯，因此酵素對工業與醫藥化學家來說，是非常有用的東西。

天門冬胺酸（aspartic acid，人體常見的20種胺基酸之一），是人造甜料阿司巴甜（aspartame）的前趨物，也是很有價值的醫藥原料。只要把氨和反丁烯二酸（fumaric acid）飼入腸道中常見的大腸桿菌（*Escherichia coli*）的菌落中，就可以產成純的左旋天門冬胺酸。這些微生物含有天門冬胺酸酶（aspartase），這個酵素使氨和反丁烯二酸（兩者都不是對掌性的）結合的結果，只形成左

★
沙利竇邁是也是對掌性藥劑，在 1950 至 1960 年代是用來治療妊娠嘔吐的鎮靜劑，曾經造成數千名孕婦（主要在歐洲地區）產下畸形兒，而惡名昭彰。沙利竇邁事件始末，請參閱《迴盪化學兩極間》第四章（天下文化出版）。

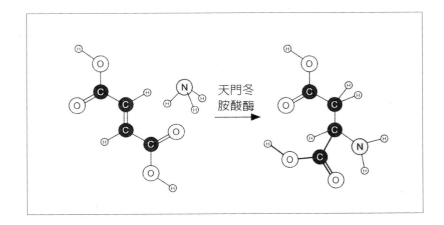

◀ 圖 2.15
大腸桿菌中的酵素使氨和反
丁烯二酸的結合，只形成 L
型天門冬胺酸。

旋形態的天門冬胺酸（圖 2.15）。

異構酶用處大

有些酵素可以把一種對掌性異構物，轉變成另外一種，這種
酵素稱為「異構酶」（isomerase）。

其中的一個例子是葡萄糖異構酶（glucose isomerase），可在
玉米糖漿製程中，把葡萄糖轉變成另一種異構物——果糖。

果糖嚐起來比葡萄糖還甜，是清涼飲料和糕點糖果中廣泛使
用的甘味劑，因為以等量的糖來比較，果糖的甜度比葡萄糖高。然
而這兩種糖中，因為葡萄糖可以從澱粉（從玉米來的碳水化合物）
大量製造，所以葡萄糖比較容易獲得。

葡萄糖異構酶可以使商業玉米漿中果糖的含量，從 40％ 提升
到 90％。這些酵素如果不是以「全細胞」製程發生作用，就是以
純化合物的形態來應用，而純酵素要從生物細胞中萃取出，並固定
在聚合體的內部或表面，才可使用。

由無機變有機

　　還有很多在化學工業上有價值的反應，目前是利用「無機」的方法，但在未來可以借重酵素。

　　譬如，甲醇的合成，目前是把氫氣和一氧化碳在約280℃下，以銅／氧化鋅為觸媒來製造的，但也可以利用甲烷單氧化酶（methane monooxygenase），讓甲烷和氧在室溫下作用。利用幾種不同微生物中的酵素，葡萄糖和氧就可以轉化成許多有用的化合物，包括甲醇、丁醇及醋酸。

　　但是這些例子中的酵素應用，目前的效率還達不到商業使用的標準。當然，仍有一些工業合成法，完全不適用酵素法，因為產物對酵素而言是高毒性或有害的。譬如工業上很重要的硝酸和硫酸合成，就是如此。

訂製酵素

　　把酵素應用在工業上當然很好，效果也不錯；但前提是我們要能夠在自然界中找到合用的酵素。如果我們能夠設計並製造酵素，來催化任何我們想要進行的製程，該有多好！

　　美國加州拉荷亞（La Jolla）斯克里普斯研究所（Scripps Research Institute）的勒納（Richard Lerner）和加州大學柏克萊分校的舒茲（Peter Schultz），首先開創這方面的研究，使得設計製造酵素成為可能。研究人員發現了一種方法，能夠說服自然界依照我

們所給的受質，製造合適的蛋白質分子。

免疫球蛋白

生物非常精於大量生產蛋白質：免疫系統可以產生一整族的蛋白質，稱為免疫球蛋白（immunoglobulin）或抗體（antibody），它們可以鑑別細胞中外來的分子並與之結合，然後緊捉著不放，加以破壞。

免疫系統必須要「產生」抗體，來對抗所有入侵的有害生物：抗體具有一個有束縛力的凹洞，每一次都可以緊密的捉住稱為抗原（antigen）的目標分子。

抗體蛋白質如果要能催化反應，而且不只是與給定的分子結合，而是要擁有像酵素的功能，其中的關鍵與酵素如何作用有關。前面提到酵素的活性部位與受質的配合，就像是鎖和鑰匙一樣。

「鎖和鑰匙」的比喻很相近事實，但不全然正確。

過渡狀態與酵素

事實上，酵素的結構是建造成與「過渡狀態」相配，過渡狀態是受質在酵素引發的反應中的變化形式。如此，酵素會使過渡狀態變得較穩定，降低反應的自由能障礙。通常過渡狀態看起來都頗像原始的受質。

勒納和舒茲推測，如果我們可以針對想進行的特定反應的過渡狀態，來產生抗體，這個蛋白質抗體應該會穩定過渡狀態而催化反應。但是過渡狀態是稍縱即逝的，所以研究人員就以一種穩定的分子代替，這種分子在形狀和結構都很像過渡狀態。生物細胞的免疫系統接觸到與過渡狀態相似的分子，就會產生所需要的抗體。

　　勒納和舒茲的團隊及其他的研究人員，已經展示很多實例，顯示從生物細胞分離出來的「催化性抗體」（catalytic antibody），確實有能力促進反應速率。這種發現有可能開啟全新的「選擇性催化」領域。

生物感應器

模仿生物體

　　就像酵素分子一樣，我們人類也有超凡的能力，可以區別數千種不同的有機和無機化合物。當然其中有些靠外觀或質地就可以辨識，但我們主要是靠嗅覺才能辨別這麼多種化學物品。

　　嗅覺受鼻子內膜內的某類蛋白質所控制，這類蛋白質具有與酵素類似的功能，能區別有機分子間細微的差異。

　　不過做為感覺器官，嗅覺器官不僅要能辨識、區別受質，更重要的是：它也必須有辦法把辨識的行動，轉化為神經反應的訊號。研究人員現在正尋找方法，模擬這種能以某型式的「硬體」，處理既具辨識能力又能隨即觸動訊號的動作，來偵測特定的生物分子。

　　這些儀器稱為生物感應器（biosensor），是化學分析工具，利用酵素引發的反應，感應電子訊號以顯示特定化學成分，也就是分析物（analyte）的濃度。

醫療價值高

生物感應器未來在醫學應用上將特別有價值，因為它們可以用來監測血液中重要的生物化學物的濃度。譬如，生物感應器產生的變動電子訊號，反映出糖尿病患血液中葡萄糖的水準，可以用來控制胰島素的釋放，保持血糖濃度在穩定的安全水準之上。

最早期很多的生物感應器研究，都是在開發葡萄糖感應器。1950年代辛辛那提兒童醫院研究基金會的克拉克（Leland Clark），已設計出這類的初步裝置。

這個設計基本上是利用感應器量測血液的氧濃度，這個數據對手術中的病患非常重要。克拉克的氧感應器是一種電化學儀器，包含一個以塑膠膜包住的鉑電極，而氧等氣體可以滲透過電極上的塑膠膜而擴散。電極連接電路，電流會不會在電路流通，得視電極的表面電壓而定。氧滲透過薄膜擴散到電極上，使得電極電壓發生變化，而產生明顯變化的電流，電流的大小就代表電極上吸附的氧氣量，也就是電極四周的氧濃度（見次頁圖2.16a）。

酵素參與偵測

在鉑表面發生的化學反應並不獨特，不適合用感應器來監控葡萄糖之類的生物分子濃度，克拉克為了能用電極偵測液體中某類分子的濃度，把包了塑膠膜的電極塗上膠體，膠體裡含有稱為葡萄糖氧化酶（gucose oxidase）的酵素。從這個酵素的名字就知道，它可以幫助葡萄糖分子進行氧化（與氧氣作用）。

葡萄糖分子在含有酵素的膠體中進行氧化作用時，會消耗感應器周圍的氧，電極上就會紀錄到電壓的變化（圖2.16 b）。而這

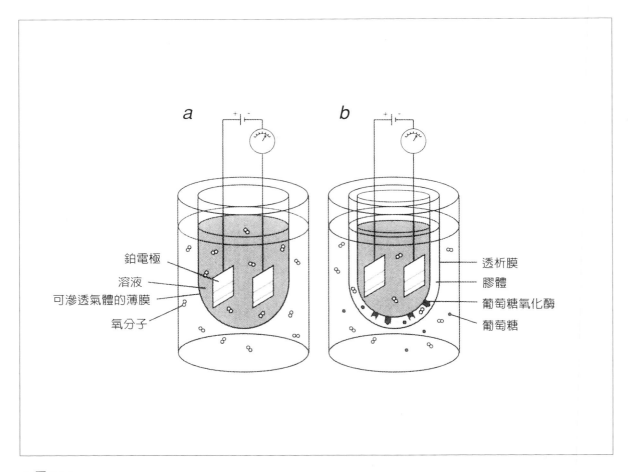

鉑電極

溶液

可滲透氣體的薄膜

氧分子

透析膜

膠體

葡萄糖氧化酶

葡萄糖

▲ 圖 2.16

a. 克拉克開發的氧感應器。

感應器中有金屬電極，上面包覆著可滲透氧氣的薄膜。

電極的電壓依周圍溶液中的氧濃度而定。

b. 克拉克在薄膜上塗布含有葡萄糖氧化酶的膠體，

再用可讓葡萄糖透過的透析膜來固定酵素，就把這種裝置改成葡萄糖感應器。

當酵素催化葡萄糖氧化時會消耗氧，使電極四周的氧濃度減小。

樣子氧濃度，也就是感應器的訊號，就由葡萄糖存在的量決定。

　　克拉克的裝置很明顯，是以氧氣感應器巧妙改造的，它的體積（直徑約 1 公分）使它無法直接在體內監控血糖的水準。但是現今大部分生物感應器有的特色它都有，例如它們都有觸媒分子（通常是天然酵素），以某種方式固定在儀器裡面，與分析物作用產生訊號。

以光為訊號

光纖導出光

　　不過，不是所有的生物感應器都要靠產生電子訊號，來顯示分析物的濃度。有一些裝置是以發光來反映分析物的存在。

　　使用光為訊號的生物感應器，通常用很細的光纖，把光從感應區域導入或導出。光纖是可以「傳導」光的塑膠管，效果幾乎像銅線對電的傳導一樣好。光線行進時纖維把光包在其中，光持續的從纖維壁反射前進。這些光纖的感應器併用了會發出螢光的分子，在與分析物作用時，會受激發而發光。

　　例如，螢光黃（fluorescein）吸收了 1 個氫離子後會發出螢光，所以可用來監測酸度（就是測定氫離子的濃度）。這一類的感應器本身很難說是生物感應器，但是利用相同的過程，可以讓酵素／分析物的反應在酸度有變化時，產生光訊號。成束的光纖可以同時傳導不同的光訊號，因此有機會發展出，可以同時分析好幾種不同的分析物的小巧型感應器。

以反應熱為訊號

分析物與酵素作用產生反應熱，引起的微幅溫度變化，也可以用做感應技術的基礎。例如，可以把它置入含有稱為「熱敏電阻溫度計」（thermistor）的靈敏溫度計的儀器內。

這一類的生物感應器，稱為「酵素熱敏溫度計」，已經發展來監控葡萄糖和盤尼西林。

未來夢想

製造人造胰腺

生物感應器的主要醫學應用之一，是做為糖尿病患者的人造胰腺的一個零件。

不過，這種儀器目前還沒有可行技術可以製造，它的生物感應器，需要可以耐久、持續監測血液中葡萄糖的濃度，還要與胰島素的釋放裝置連接，而整個組合必須為生物相容性，且要小得可以植入體內。

這類裝置的原理已經很清楚，然而工程技術問題仍待解決。一旦能夠克服，在醫學上的貢獻將會很大。

偵測先鋒

　　生物感應器應該也會在其他方面嘉惠大眾健康。它們可以用來監測環境中與食物中，有毒或有害物質的水準。事實上，生物感應器已經用來評估肉與魚的品質，利用測量隨時間累積的有害有機物含量，判定食物的新鮮與否。

　　軍隊也相當有興趣，利用生物感應器來偵測神經毒氣或生物戰劑。

　　在製藥工業上，生物感應器可用來監控生產藥品的發酵槽中，有何內容物。最複雜的發展，是到把酵素固定在人造環境上，例如把酵素分子置入人造細胞膜，這樣的環境完全模擬酵素自然發生的條件（將在《現代化學 II》第 7 章介紹）。

　　相信在未來，生物感應器將愈來愈不像微電子器材，而比較像生物體原有的感應器，例如嗅覺器官中的感應器，就是這些生物體的感應器。取法這些生物體的感應器，已經觸發我們不少發明人工感應器的靈感。

第 3 章

透析化學動態

觀看原子起舞

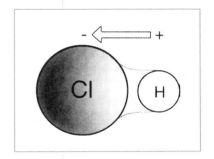

分子舞台任憑飆舞。

——霍夫曼★

★

霍夫曼 (Roald Hoffman, 1937-)，美國康乃爾大學化學系教授，1981 年諾貝爾化學獎得主。著有《迴盪化學兩極間》(*The Same and Not the Same*)，中文版由天下文化出版。

　　要怎麼才能看到分子化學的微觀世界？早在物質的原子觀點為人接受之前，這就一直是熱門的話題。用球一棒的分子模型，建構出美麗的富勒烯碳籠或奇特神妙的碳氫化合物結構，很不錯也很好用。

　　不過，化學家渴望看到真正的分子，而不是桌上的塑膠模型或電視螢幕上的電腦影像。

　　還有，他們想看看動態的分子世界，親眼看到分子如何在空間中穿梭，化學作用實際上如何進行。現在，化學家已經找出好方法了。

顯微世界

用光來照射

　　想要看看分子現象，最直接的方法，是想辦法建造一台功能強大的顯微鏡，再透過顯微鏡來觀看分子世界。

　　顯微鏡已經讓我們看到許許多多，只靠肉眼根本看不到的微小世界，透過顯微鏡，我們可以看到：受精卵分裂、發展成胚胎，或是血球通過血管或靜脈。受精卵和血球的大小約為千分之幾公釐，但是分子比它們都還要小很多。

　　即使在今天，雖然功能最強的光學（使用光）顯微鏡，已經可以看到億分之幾公釐左右的物體，然而這個尺度還是比簡單的分子如甲烷和氨，大了 1 千倍左右。

電子束代替光

　　不過，顯微鏡不只有依靠光，用電子束替代光線的是電子顯微鏡，以及最近開發成功，用電子或機械方法來獲得影像的「掃描探針顯微鏡」，現在都可以拍攝單一分子的影像（參考彩圖2），讓我們在某些情形下，可以看到個別原子。不過，在瞭解這些圖像之前，對分子看起來像什麼，要多少有點概念。

X 射線有限制

　　探索原子小宇宙的第二種方法，會在第4章詳細介紹。這個方法使用 X 射線探照晶體，而晶體中的原子與分子，是規則的堆疊排列著。反射光形成的模式，可以轉變成晶體中原子的排列圖。

　　這種使用 X 射線探照晶體的技術，叫做「X 射線繞射」（X-ray diffraction），在確定原子的排列上，非常有用且精確。但是整體而言，它只適用於可以形成晶體的化合物，而對液體、氣體、非晶體固體的分子結構，可提供的資訊就非常的少。而且，有一些分子（特別是生物分子）的晶體結構，與具有活性時的結構，差異很大。

掌握分子動態

　　顯微鏡和 X 射線繞射技術，都是用來探索分子的「靜態」資訊，想看到分子，要先把它們就地凍結。因此對分子如何移動（也就是分子的「動力學」），就得不到什麼有價值的資訊。

留駐一瞬間

在常溫下，分子並不是靜止的，它們會轉動、振動，速度快得讓我們的眼睛都跟不上。還有，化學變化或轉變的過程，一定是動態的，產生化學變化時，原子和分子會相互碰撞、作用，形成新的化合物。這些運動發生的時間之短暫，分子的大小之微小，兩者等級是差不多的：一秒的時間對於分子，就像是地球的年齡之於我們一樣。

到底要怎樣才能看到在這個小宇宙裡瞬間發生的事件？

光譜學拍攝分子電影

看見小宇宙瞬間情況的技術，叫「光譜學」（spectroscopy），是研究分子形狀和行為的最古老方法之一，也是研究分子「構造」和「動力學」的工具。

乍看之下，利用光譜學來查明分子的行為好像相當粗略，光譜學的方法非常簡單，是用光照射樣品，再改變光的顏色來量測有多少光被吸收。因此得到的根本不是分子的圖像，只會看到記錄「光吸收變化」的波浪狀圖形。但是這種「吸收光譜」也許含有非常多關於化學構成和分子動力學的資訊。

光譜學現在可能是化學家主要的探索工具，它非常巧妙，顯現的事物若用別的技術是看不到的。特別是，它可以用來研究步調飛快的原子世界，讓能夠我們拍製「分子的電影」，抓住作用中的化學過程。

光譜學靠的是分子與光之間的作用。我們過去可能一直認為光是「鈍訊號」（passive signal），也就是說它能使我們看到物體，

但是不會干擾到物體。不過事實卻是，就是因為光會干擾到物體，我們才看得到物體。

光譜學與光化學

光譜學的主要過程是「光的吸收」，過程中分子必須吸收光攜帶的部分能量。吸收光的分子在吸收能量後，有時後會造成物理和化學性質的巨幅改變，甚至還會使分子裂解。因為這樣，用光來研究分子的光譜學，就與光化學（photochemistry）有密切的相關性，因為光化學就是研究受光誘發或影響的化學反應。

自然界中，光化學反應非常重要。譬如，光合作用的基礎，就是太陽光誘發化學反應，帶動植物生長的生物化學，光合作用也提供了我們呼吸的空氣。

光化學對於很多發生在大氣中的化學反應也極端重要，我們會在《現代化學II》第10章討論。對於當前的化學家而言，光化學也漸漸成為靈敏控制化學反應的可能工具，我們會發現光化學「解剖」的方法，也許有一天可用來對分子進行精密的剖析。

何謂光？

色彩哪裡來？

在日常生活中，物體的各種特性，就屬色彩是最為人所瞭解，也最不為人瞭解。也就是說，我們知道東西為什麼會有顏色，我們現在也瞭解（雖然還很不完整）身體的視覺系統如何認識這些

顏色。與音樂和文學一樣，顏色也會傳達美學的價值。

　　林布蘭★選用濃厚的金、紅、和褐色，而塞尚◆覺得他的天空用綠色和粉紅色來表現最好，對於我們來說，這兩位畫家的差別可大了。目前，我們對顏色引起的情感反應，仍不甚瞭解。

顏色與化學組成

　　光譜學最簡單的說法，是用顏色來認識化學組成。在這一方面，煉金術家監控金屬材料轉變成黃金的方法，跟光譜學幾乎沒兩樣，都需要特別的顏色變化順序。

　　不過，光譜學家所依靠的不是直接靠視覺感受，而是靠稱爲「光譜儀」的設備來辨認顏色順序，光譜儀對顏色的測量比肉眼更準確也更靈敏。用肉眼很容易區別金和銀，但是要辨別銀和錫就不那麼容易了。

　　同樣的，木炭和硫化鉛對我們的眼睛來說都是黑色的，但是光譜儀可以看出兩種「黑色」的細微差異。光譜學可以鑑定外表沒有顏色的物質：它能分辨氧氣和氮氣，而對於這二者，我們的肉眼都看不到。

　　爲什麼光的吸收可以有這種分辨力？

光是粒子還是波？

　　關於光的性質，可以歸納出兩種學說：第一種認爲光線是由很小的粒子所組成的，而另一種則認爲它是在某種介質中傳播的波，就像在空氣中傳播的音波。

　　牛頓主張光的粒子說，而與他同時代的惠更斯♣則說光是一種波，由到處都有的介質來傳送，這個介質稱爲「以太」（ether）。

這兩種學說都可以解釋爲何光是直線前進的，也都可以解釋當時的光學法則。

楊氏確定光波動

光的波和粒子這兩種模型都一直延續著，到了19世紀早期，楊氏★才著手找方法來測試這兩種性質。

1669年，丹麥人巴托林（Erasmus Bartholin, 1625-1698）觀察光線透過某些晶體（例如稱爲「冰洲石」的透明方解石）時，光線會分成兩束，性質與一般不同。這種現象稱爲「雙折射」（double refraction），可以產生美麗的色彩。

楊氏認爲，如果光是由會在平面上下振動的橫波組成的話，就可以解釋爲什麼會有雙折射現象。這種觀念意指，光線可以「偏振化」（polarized），也就是波動的面會偏向某個方向。法國科學家夫瑞奈◆在1818至1821年間，證明楊氏的說法可以解釋雙折射晶體的行爲。

光波在以太中前進？

就如同聲音在傳播時需要介質一樣，一般也認爲光波需要看不到的以太來傳送。19世紀末之前，光在以太中以橫波前進的想法非常盛行，但是卻沒有人去探究以太究竟是什麼。

在19世紀的前半葉，法拉第♣利用儀器進行研究，確立了長久以來的信念：電和磁是相關的，電流可以產生磁力，而改變磁場強度可以產生電流。1845年法拉第證明，只要把光通過磁場，就可以旋轉偏振光的面，顯示了光和電和磁是相關的。

蘇格蘭人馬克士威（見第38頁）藝高膽大，提出光本身是電

★
楊氏（Thomas Young, 1773-1829），英國物理學家。用干涉現象的試驗加強了光的波動模型的地位。

◆
夫瑞奈（Augustin Jean Fresnel, 1788-1827），光的波動理論辯護人。在繞射現象理論發展上有許多重要貢獻。發明雙鏡和雙稜鏡兩種光的干涉裝置。1821年實驗研究了偏振光的干涉現象，認識到光是橫波。

♣
法拉第（Michael Faraday, 1791-1867），英國物理學家兼化學家，由於需要不斷創新點子，使得法拉第成爲史上最偉大的實驗物理學家之一。1831年，法拉第成功證明了電與磁只是一體的兩面，兩者合稱爲「電磁」。

和磁的結合體，也就是光以電磁波的形式，在以太中擾動。在馬克士威的學說中，光波是由「電磁輻射」組成的，而透過以太傳送。光波有兩種組成：電場與磁場。電場的振幅在振動平面上變動消長，磁場也在振動，但是它的振動平面卻與電場的振動平面垂直（圖3.1）。

光是電磁波

所以光線就是在以太中傳送的電磁能量。振動的頻率（它與波長有簡單的關係）決定了光線的顏色：譬如，紅光的電磁波，每秒振動的次數大約是100兆，而藍光的振動頻率是紅光的4倍。1887年，德國物理學家赫茲*，是第一位證明電磁波存在的人。

雖然馬克士威把光描述成電磁波，我們才清楚瞭解光和物質

★
赫茲（Heinrich Rudolph Hertz 1887-1975），與夫蘭克（見第172頁）共同以電子碰撞原子，發現能量轉移呈量子化的現象，1925年共同獲得得諾貝爾物理獎。

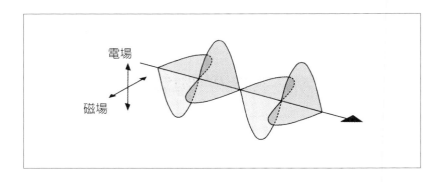

電場

磁場

▲ 圖3.1
根據馬克士威的電磁學說，光線是由振盪的電場和磁場組合而成的。電場平面與磁場平面互成直角。電場平面通常稱為「光的偏振面」。從光源（如電燈泡）來的光線，偏振面的方向很雜亂，但是如果讓光線通過偏振濾鏡，就可以得到同一偏振面的光線。

作用時的某些現象，不過也必須等到 20 世紀，「光是電磁波」的概念才再進一步修訂得更完備。

以太純屬虛構

　　1887 年，邁克生和毛立*，以實驗得到不容忽視的結論：以太，這個傳播光的介質，其實只是虛構之物。

　　光，似乎不需要介質就可以傳播：電場和磁場不需要外力，就可以在真空中傳播。現代物理學用稍微不同的看法，來說明光是電磁波的這個性質。所謂真「空」不再完全是空的，它會為「電磁場」所滲透，而電磁場就像待撥彈的琴弦，受到能量激發就會振動。這些振動就叫光。

　　然而，20 世紀早期的量子學說革命，認為光的波動說，對光的性質只說對了一半：光的行為有時會像不連續的粒子。

光也是量子

　　1905 年，愛因斯坦用光是粒子的觀念，來解釋光電效應（見第 39 頁）。愛因斯坦提出，光是由光子組成的，是小包裝的電磁能量，可以用馬克士威的振盪電磁場描述它的頻率。光子是最不一樣的粒子，光子雖有能量但無質量。光子的能量等於它的頻率乘上已以蒲郎克（見第 39 頁）為名的「蒲郎克常數」（Planck's constant）。因此，紅光光子的能量會小於藍光光子。

　　光子的頻率並不是僅在可見光範圍內。在整個電磁波譜中，我們的眼睛只能感受到其中很小的部分，完整的電磁波譜除了包含可見光外，還向頻率比可見光高，以及頻率比可見光低的範圍延伸（見次頁圖 3.2）。電磁輻射頻率稍小於紅光的（因此波長會稍微長

★

邁克生（Albert Michelson, 1852-1931）是原籍德國的美國物理學家，1907 年諾貝爾物理獎得主。與毛立（Edward W. Morley, 1838-1923）做過光干涉計實驗，證明以太不存在。

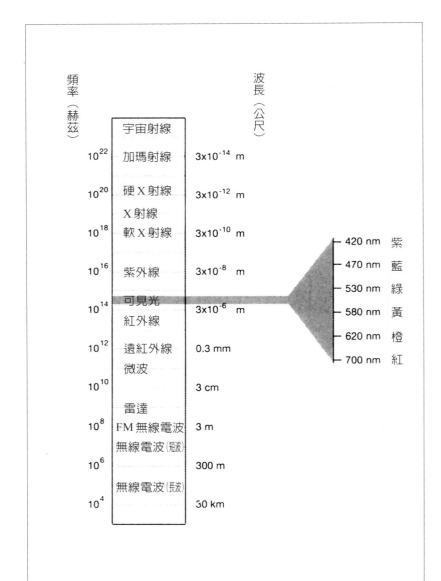

圖3.2 ▶
電磁輻射波譜，範圍從低頻端的無線電波到高頻端的加瑪線和宇宙射線。可見光只占很小一段，位置約在光譜的中央。（在這裡所表示的輻射頻率是以指數表示，上標表示 1 後面有多少個零，因此 1,000 就寫成 10^3。頻率很大時，波長就很短，而負的上標表示小數點以下的位數，所以 0.001 就記做 10^{-3}。）

些），稱爲紅外線，雖然我們的視網膜感受不到紅外線的光子，不過我們能感覺到它帶來的熱量。頻率小於紅外線輻射的，就是微波（波長約爲幾公釐）和無線電波（波長爲幾公尺到幾公里）。頻率高於可見光範圍的有紫外線，接著是 X 射線，然後是加瑪射線（由某些放射性物質所放射）和宇宙射線，宇宙射線來自遙遠的太空，它是怎麼產生的，目前尚不瞭解。

　　X 射線和加瑪射線的光子以及一些紫外線的光子，有足夠的能量可分裂化學鍵結。如果這些輻射的來源很強，就會損害物質，特別容易傷到組成生物組織的精巧化合物。

量子電動力學

電磁作用

　　我們在第 1 章看到，原子和分子外圍有帶負電的電子雲包圍著。因此，物質和電磁輻射常會有很強的交互作用，也就不讓人感到意外了，而有時候它們不發生交互作用，例如：玻璃會把所有投射在它上面的光，幾乎都傳送出去。

　　對於玻璃完全透光的這種現象，我們可能才應該奇怪。光穿透過包括眞空的許多介質，並不是簡單的工作，要用非常成功與明確的理論來說明才行，這種理論叫做「量子電動力學」★。

　　玻璃呈現透明，是因爲光子完全沒被吸收，而不代表光子直接通過玻璃，沒有和玻璃材料的原子交互作用。（事實上，玻璃對電磁波譜上紅外線部分的電磁輻射，有很強的吸收。如果我們的眼

★
「量子電動力學」（quant-um eletrodynamics）是費曼（Richard Feynman, 1918-1988）等人於 1940 年代發展出的理論，利用量子力學描述帶電粒子與光子的行爲，以及帶電粒子之間的交互作用。它完美的結合了電磁學、量子理論與狹義相對論，至今仍是最成功的一種場論。

睛能看到紅外線的話，「清澈的」的窗戶玻璃看起來就會像是「有色」的。）

因此，雖然光線和物質都含有電場，它們的交互作用並非任意混亂的。當東西受電磁輻射照射時，只會吸收某些頻率的光子。那些沒有被吸收的光子，不是透射過物質，就是遭反射。

為什麼樹葉有顏色？

當物體會吸收某些在可見光頻率範圍的光子時，在白光下，物體會呈現剩下來未被吸收頻率的顏色。譬如，樹葉吸收了紅光和藍光，因此只有光譜中的綠色部分會反射出來。矢車菊吸收紅光和黃光；胡蘿蔔吸收綠光和藍光。會反射所有可見光的物體就呈現白色，而如果把可見光統統都吸收的，看起來就是黑色的。

葉子會帶綠色是因為含有葉綠素a（chlorophyll a），這種化合物使植物能夠吸收陽光，利用陽光的能量構築植物所需的生長物質。視覺系統告訴我們葉子是綠色的，就約略顯示了葉綠素a的吸收光譜，是在可見光波長的範圍內。

光譜儀精確分光

科學家若想更準確量測葉綠素a的光譜，就需使用光譜儀。光譜儀是利用稜鏡來分離白光，把光分散成各種顏色。接著，你把裝有葉綠素a溶液的小容器沿著光譜移動，在紅光照到容器時，樣本會幾乎吸收所有照到它上面的光線，所以容器從另一面看來，差不多是黑色的（同樣的，透過紅色的玻璃紙看到的樹葉，幾乎是暗的

或沒顏色的）。容器會讓光譜中的綠色光，統統都通過。所以如果
我們在容器的另一端安置測光計，量測透過的光的強度，就會看到
入射的光譜不同時，測光計的讀數會上下變化，讀數與入射光的顏
色有關（見次頁圖 3.3）。

　　在真正的光譜儀中，比較方便的是固定容器，而把分開的光
掃過容器。第 155 頁的圖 3.4a 是葉綠素 a 的吸收光譜，也就是用測
光計記錄到的光吸收的變化。

光譜指紋列檔案

　　吸收光譜的確實形狀提供了化合物的一種指紋，不管葉綠素 a
是從哪種植物來的，呈現的光譜都一樣。鎳鹽的溶液如硫酸鎳，也
是綠色的，但是它的吸收光譜（圖 3.4b）很容易和葉綠素 a 區別。

　　我們的眼睛僅能感受到可見光範圍的吸收，但是光譜儀的測
光計可以經過設計，感受到可見光頻率範圍以外的光線，其中最常
見的是紅外線和紫外線。

　　如此一來就能擴展吸收光譜的資訊範圍：例如，對於我們人
眼是無色的化合物，也許在紅外線或紫外線部分，會呈現很強的吸
收帶。例如，水在紅外線頻率有很強的吸收，這對於水蒸氣在大氣
中的角色有很重要的影響。

量子化能階

　　當分子吸收光能量增加時，會變得「更熱」，也就是會更激烈
的搖動、抖動或轉動。這樣的分子，我們說它被吸收的光所「激

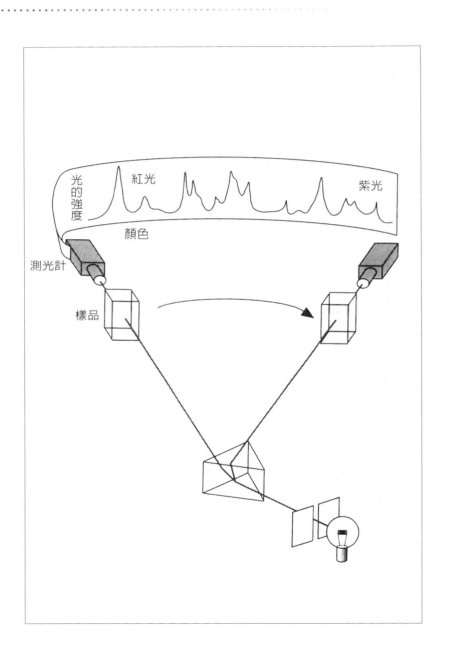

圖3.3 ▶
典型的光譜儀，量測「探測光」的吸收。讓光線通過盛有樣品的容器，測光計會記下入射光的亮度與顏色（那就是波長）的改變。量測的結果以一張不同波長吸收量的變化圖，也就是吸收光譜來呈現。光譜的波峰（吸收帶）提供分子運動或分子電子結構的特性指紋。在本圖中，是把樣品在白光透過稜鏡產生的光譜範圍中移動。而在真正的光譜儀中，旋轉稜鏡會比移動樣品和偵測器來得方便。

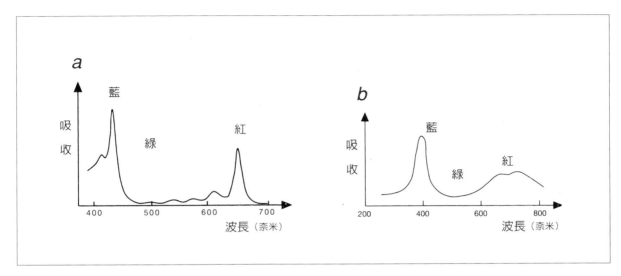

▲ 圖 3.4
a. 葉綠素 a 分子的吸收光譜中,紅光和藍光部分有很強的吸收,而綠光全部透過去。這個分子就是使樹葉呈綠色的分子。
b. 鎳鹽(如硫酸鎳)溶解在水中通常也呈綠色,但是鎳鹽溶液的吸收光譜,顯現的「綠色」與葉綠素 a 不一樣。

發」(excited)。分子只會吸收某些頻率的光子,是因分子的運動受制於量子力學法則,這些法則對於所容許的運動,有很多規範。

量子化限制多

我們從第 1 章知道,原子與分子中的電子並不能自由占據原子核周圍的舊軌道,也就是不能有隨意的能量,而是受限於特定的能階,能量不能落在能階之間。電子的能階是量子化的。

同理,分子在空間中運動的能量,也受到量子化。例如,含有兩個原子的氧分子(O_2),兩個氧原子都在自由空間中,轉動(從一端打滾到另一端)、振動(兩原子間的鍵伸張和收縮)(見次頁圖 3.5)。這些運動的能量只能有某些特定的值,形成和電子能階一樣的能量階梯。

轉動和振動的能量分別與轉動速率(每秒的轉速)和振動頻

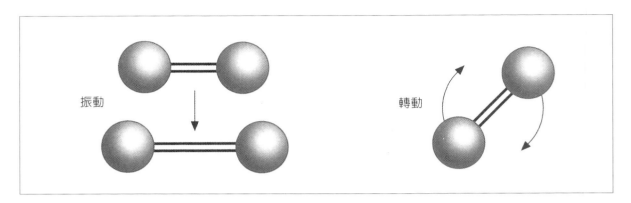

振動　　　　　　　　　　　轉動

▲ 圖 3.5
氧分子就像小型的啞鈴。在
氧氣中，氧分子可以自由運
動，打滾翻轉，鍵長伸縮振
動。

率（每秒向內與向外振盪的次數）有關，而轉動與振動的能量也是
量子化的。因此，氧分子只能在特定的頻率下振動，以特定轉動速
率轉動。

量子化現象與直覺相左

　　電子能量的量子化已經與我們的直覺不符，而這種分子運動
的量子化大概與直覺相左得更嚴重。畢竟我們在日常經驗中，對電
子和原子核並不熟悉，你可能會完全接受原子和分子的內部結構，
與撞球的球粒系統沒有關連，但是振動和轉動在我們的生活中並不
陌生，硬要說它們會量子化，好像與經驗相衝突。

　　如果你說輪子只能以每分鐘10次的倍數轉動：10次／分、20
次／分、30次／分等等，但是我們很清楚知道只要供給所需的能
量，輪子可以在任何速率下轉動。輪子的速率若是量子化成10次
／分的區間，速率也得受限在譬如固定於10次／分，持續提高動
力，轉速卻仍一樣，你必須一直增加動力，直到轉速能突然跳到
20次／分。

當然，這個現象在現實世界中不會發生，眞讓人鬆一口氣。想像一位可憐的腳踏車騎士，騎著一部受限於特定速率的「量子化」腳踏車，他用力踏著踏板，但是徒勞無功，速率都沒法增加，除非使出的力氣能跨越能量鴻溝，才能進入下一個可能速度。

大尺度不見量子化

爲什麼在日常生活中看不到量子化的轉動和振動？這不是因爲原子世界和巨觀世界基本上有所不同；這兩者只在尺度大小上不同。物體轉動和振動能階間的差距，粗略來講，是與物體的質量成倒數關係。物體的質量愈大，能階的間距愈小。像腳踏車輪子這麼大的物體（或者甚至是鐘錶的飛輪），它的能階間距小得無法度量，所以實質上並沒有能階的限制，所有的能量都可容許。

量子力學的通用概念是：在原子和分子尺度下，它預見一些不熟悉的效應，但是尺度逐漸擴大到日常經驗時，這些效應就變得愈來愈小，最後就幾乎可以忽略。在大尺度系統中，量子效應會消失的這種說法，稱爲「對等原理」（correspondence principle）。

平移運動很特殊

我現在必須明白指出，所有分子運動量子化的討論中，除了轉動和振動之外，還有第三種運動方式我一直隱藏不提。在固體中，前兩種運動方式可以就地進行。而在氣體及液體中，分子還可以自由的由空間中某一點移動到另一點。科學家稱這種運動爲「平移」（translation）。（事實上，在固體中也有這種運動，只不過規模很小。）

平移運動也可以量子化，不過即使在分子中，它看起來仍像

是「連續」的，那就是說平移運動的能量，可以平順的增加而不呈階梯狀上升。理由是平移能階的間距，不僅與物體的質量有關，還與裝它的容器大小有關：容器愈大，間距就愈小。在巨觀的實驗室中，燒杯（或者光譜儀中的容器）的平移能階很密集，所以這種運動幾乎是沒有量子化。也就是說，在後面的討論中，我們多半會忽略平移運動。

激發分子

分子的轉動和振動的量子化，就是分子在增加轉動和振動的能量時，只能吸收一「包」或一「梱」固定大小的能量。電磁輻射靠光子提供這些包或梱的能量，能量大小與波長相關。分子是否可以吸收光子，首先，也是最重要的（不是唯一的），要看光子的能量是否等於「未激發」分子所在能階與下一個較高能階的間距。

要激發分子，除了增加轉動和振動的能量之外，也可以增加電子的能量，也就是吸收能量把電子提升到較高軌道。因此，分子就擁有三個層次的能階。整體來講，分子的轉動能階間距比振動能階的小，而振動能階的間距又比電子能階的密集。

能階躍遷

光子的能量大多在微波範圍，有潛力激發分子的轉動；較高能量（就是頻率較高或波長較短）的光子，通常在紅外線部分，可以誘發振動的激發；而更高能量的光子，在可見光或紫外線範圍，會激發電子在能階上跳躍（圖3.6）。這種從一個能階跳躍到另一個

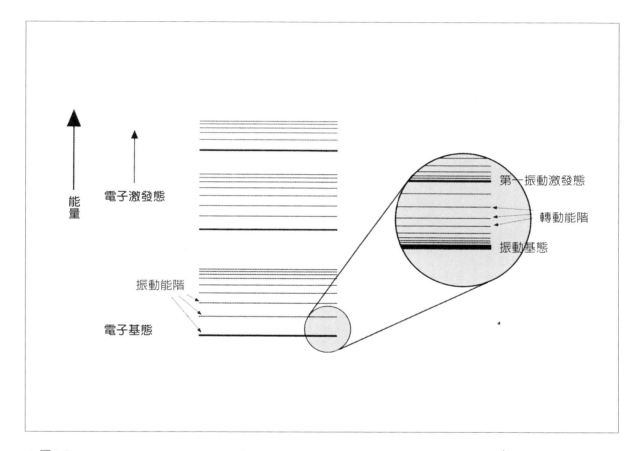

▲ 圖3.6

簡單分子會形成三個層次的能階。

轉動能階最密，只要微波光子般微小的能量「量子」，就可以激發電子躍遷到上一個能階。

振動能階間距稍微拉開些，在相鄰兩個振動能階之間，會有一組轉動能階。

電子能階間距最開，每一個電子能階都有自己的振動能階。

因為振動不像「理想」彈簧，所以愈在頂層的振動能階會愈密集。

電子態不同的分子，化學性質和形狀的差異可能非常的大。

電子能階的間距通常與可見光和紫外光光子的能量相當。

能階的行為，稱為「躍遷」（transition）。

　　每種分子的轉動、振動和電子能階的順序都不同，這與分子組成原子的質量、空間上的配置（也就是分子的形狀）、鍵結的強度、電子能階、還有其他更微妙的因素有關。分子可能會吸收光子，如果光子的能量等於兩能階的差距時，就會在吸收光譜中產生波峰。但是如果光子的能量與各能階差都不同，分子不會吸收光子的能量，於是光子會直接穿透過物質。

　　我說分子「可能會吸收」而不是說「將會吸收」光子，因為分子躍遷除了需要有正確能量的光子外，還有其他的問題。

分子電偶極距有影響

　　分子與光子的作用，終究與電性有關：它是「光子的振盪電磁場中的電場」和「分子的電子雲」的交互作用。要吸收（或放射）一定頻率的光子，分子必須自己也要產生相同振盪頻率的電磁場。

　　如果分子的電荷分布有一些不平衡，或大致講起來，如果分子在一端有過多的負電荷，而另一端的正電荷過多，轉動運動就會造成這種電磁場。例如，氯化氫分子的電子雲會偏向氯原子，而造成氯原子有過多的負電荷，在氫的周圍則是相對的正電區域（圖3.7）。分子有這種不對稱分布，就具有「電偶極矩」（electric dipole moment）；這時分子就像磁鐵一樣有著正、負「極」。分子的轉動引起電場方向的振盪，使它能與光子的振盪電場產生交互作用，吸收光子的能量。

　　像 O_2 與 N_2 之類沒有電偶極矩的分子，不能進行轉動躍遷。二氧化碳也無法進行轉動的激發，即使它的分子中，有部分的電荷量並不均勻。

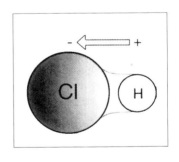

▲ 圖 3.7
氯化氫分子中，氯原子拉住電子雲，剝奪了氫原子部分的電子雲。因此在氯的周圍就有過多的負電荷，氫原子附近則有正電荷，原子核之間產生分子偶極矩（白箭頭所指的即是）。不過請注意，這裡畫出來極其不均勻的電荷分布，是刻意誇大的。

　　在二氧化碳兩端的氧原子附近，稍微有一些過量的負電荷，而中間的碳原子周圍則有相對的正電荷（圖3.8）。但是因為它的分布是對稱的，所以 CO_2 分子仍然沒有淨電偶極矩；實際上，這兩個電偶極指向相反的方向，因此互相抵銷。

　　振動躍遷只有在振動運動恰能改變分子電偶極矩時，才會發生。CO_2 在碳和氧之間的兩個鍵，伸縮振動相等，仍然保持電荷的對稱配置，所以分子不產生偶極（圖3.8），因此沒有辦法吸收輻射，不能激發成更激烈的振盪。

　　不過，這些鍵的「彎曲振動」就不同了：它使兩個氧原子離開原先與碳原子形成的直線，分子呈現 V 字形，在 V 字形的兩個末端有淨負電荷，頂點有正電荷。這種振動使分子產生偶極，因此可以與光子產生作用並吸收光子。

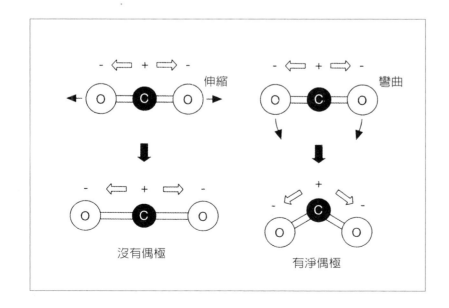

◀ 圖 3.8
二氧化碳中，氧原子有電子「拉力」，產生了對稱的電荷分布：沿著 C－O 軸的兩個「偶極」互相抵銷，所以沒有淨電偶極矩。而 CO_2 的伸縮振動也是沿著 C－O 原子核的軸，仍然保持對稱的電荷分布，不會引起偶極矩。另一方面，分子的彎曲會引起電荷分布暫時不對稱，因而產生偶極。

選擇律決定躍遷與否

「允許」或「禁止」這種能階間的躍遷，根據的是所謂的「選擇律」（selection rule），而關鍵在於空間上有沒有電荷分布的改變。電子態躍遷的選擇律受相當微妙的因素影響；實質上，每一個受容許的躍遷都有特定的電子「躍遷力矩」（transition moment），它與電子的偶極矩有點像，都有特定的空間方向，反映出從最初狀態到激發狀態，電荷如何重新分布。

當躍遷力矩方向與光子的電場一致，而光子的能量也適當時，電子就可以受激發，產生躍遷。

分子組成與顏色

吸收光譜露玄機

一般而言，對於分子結構的資訊，轉動躍遷的貢獻有限（在液體或固體中，分子轉動的自由度常受限制）。而介於紅外線（IR）和紫外線（UV）波長之間的的吸收光譜，透露出最多訊息。IR 光譜提供分子振動的相關資訊，而可見光和 UV 光譜告訴研究人員的是分子的電子結構。

分子只要含有特定的原子基團，就會有特定的振動躍遷。羰基是一個氧原子與一個碳原子以雙鍵結合的基團，在很多化合物中的振動頻率都差不多，羰基的振動躍遷吸收的通常是紅外線光子，波長約在千分之 5.5 到 6 公釐。因此在紅外線光譜中，含有羰基的

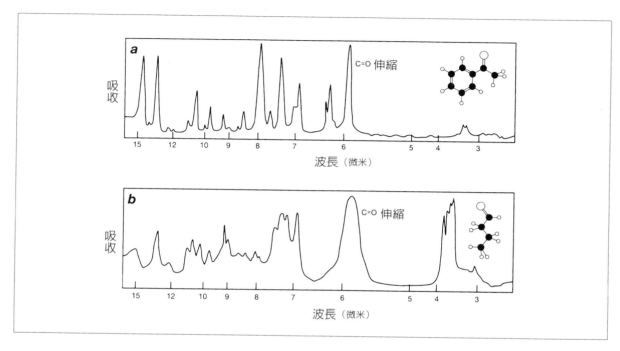

化合物在這個波長範圍，會有明顯的吸收帶（圖3.9）。

　　碳上的氫原子，體積小重量輕，在更高頻率的地方搖擺振動；它吸收的光子，波長約為千分之3.5公釐，這樣的光子可以激發這個基團。這些特定的基團，使紅外線光譜可以用來鑑定未知化合物，成為化學家的分析利器：譬如說，分子在波長約千分之6公釐處有吸收帶，就可能含有羰基。

電子躍遷顯顏色

　　化學化合物的顏色取決於它們的電子躍遷，這些躍遷能階通常位於可見光（以及UV）範圍。例如，鎳鹽呈現綠色，是因為吸

▲ 圖3.9
在波長約千分之6公釐（6微米）的吸收帶，可以判斷出很多有機化合物有無羰基（C＝O），羰基在這個頻率下有伸縮振動。這種「羰基伸縮」帶可以在乙醯苯（a）和丁醛（b）的光譜中看到。

收了藍光和紅光光子。這兩種光子把鎳離子的一個電子，踢到較高能階。能量最低的電子態稱為「基態」（ground state）。在室溫下，能量階梯上，基態與再上一階（第一受激發態）的能量間距，通常大於分子的熱能甚多，所以分子差不多都以基態存在。

分子吸收能量把電子提升到激發態後，電子的配置會與基態時不同，分子的化學性質也就改變了。整體而言，激發態分子的化學活性較大，所以激發電子，可以引起原本不會發生的反應，這樣的反應稱為「光化學反應」。

分子的電子受激發後，如果不進行光化學反應，就會放出光子進行「衰變」（decay），最後回到基態，這個過程會發出螢光。如果衰變不是在激發後馬上發生，激發態的分子會先進行分子碰撞，喪失掉小部分的能量，而降落到振動能階上。

降落的能階比躍升的小，所以放出的光子能量，也比吸收的光子能量小（頻率也是）（圖 3.10）。這個就是螢光材料在紫外光下的發光機制。材料中的光敏感分子照射 UV 光（人眼看不到）後，電子會受激發，但是激發態衰變放出的光子，能量比 UV 光的能量小，所以會落在可見光的光譜範圍。

眨眼間的化學變化

快速拍攝

傳統的光譜學透露了一些關於分子運動的訊息。例如，它指出分子振動或轉動得有多快。這些運動發生的速率非常的快：碘

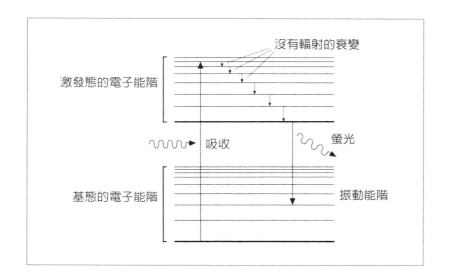

螢光的發光機制：分子吸收光後，會到達電子激發態中較高層的振動能階。這個分子也許會和其他分子碰撞，而失去能量，先從高層振動能階跌落（稱為沒有輻射的衰變）。之後再從激發態掉回基態，放出螢光。而放射光子的能量，比吸收的光子小，波長也相對的較長。

（I_2）分子的翻滾通常在一秒內有一百億次。光譜學家現在愈來愈希望能「即時」注意這種超快的運動。事實上，他們努力要拍攝原子的影片，抓住原子運動時的每一個鏡頭。

　　這種研究最初的動機，是覺得它們可以提供化學轉變過程的內幕：化學反應發生時，分子也許會分裂，或者原子會從某個分子傳送到另一分子。瞭解反應牽涉的動態過程，可讓我們測試化學鍵結理論，這是很吸引人的目標。另外，它還有可能有實際的好處：瞭解反應機構中原子間活動的細節，我們也許就能引導反應走向特定結果。

挑戰極限速度

　　要得到飛機螺旋槳轉動時的清楚圖像，照相機的快門速度必須要很快，在快門閃動時，葉片只能轉動一次。對現在的高速照相

術而言，這麼快的快門已經很普通了。但是碘分子一秒轉動一百億次，完全是另一種艱難的挑戰。要觀察這樣快的事情，研究人員一定要用全世界速度最快的照相機。它利用一系列分開的雷射光，用鏡子和快門組成的複雜系統，進行反射和偵測（彩圖5），以10^{-15}秒的快門速度捕捉影像。如果所有的化學反應鏡頭，都以電影每秒放映25格的速度重新播放的話，實際上一秒內發生的事，要持續一百萬年才播映得完。

雷射光

同調同色光

雷射光和太陽光或電燈泡的光不同。首先，雷射光的光子是相同頻率的單色光。再來，每一個光子的電磁波起伏都是同一步調。這種同步（synchronized）的輻射光束，稱為「同調光束」（coherent beam）。雷射輻射的同調性，大幅降低了發散現象，發散現象是不同調的普通光束中常見的情形。雷射光在長達數公里的距離下，仍成束不發散。

雷射光是激發態的原子或分子，掉回基態時所放出來的光。要使放出的輻射達到同調，就要安排所有的激發態分子同步放射：在盛裝發光物質的凹槽兩端，置放鏡子以啟動某種連鎖反應，使得為數不多的激發態分子放出的光，來回反射，快速激發所有其他的激發態分子，同步進行放射。

「雷射」（laser）的英文名稱，就是「經由受激發射而產生的光

波放大作用」（Light Amplification by Stimulated Emission of Radiation），這個過程的英文字頭縮寫。

超快速光譜

　　用雷射來做超快光譜分析還有另外兩樣特點。其一，放射出來的光是經偏振化的：所有的電磁波不僅同步，也在同一平面上。另外，雷射光不是連續光束，而是短的脈衝，相當短的雷射脈衝，可說是人類製造的最短暫的「事件」：雷射脈衝1秒內大概進行兩千兆次，每一次約可持續5飛秒（femtosecond）。1飛秒等於0.000000000000001秒，即1×10^{-15}秒。

千兆分之一秒的呈現

　　重點是，雷射脈衝的時間，只有分子進行一次轉動或振動時間的數千分之一。因此，利用飛秒脈衝拍攝分子，就可以抓到分子運動的每一個鏡頭。

　　任教於美國加州理工學院的齊威爾★，是這種超快光譜學的先驅者之一。齊威爾和同事利用飛秒雷射脈衝，觀察分子的轉動與振動，觀察化學反應中分子於千兆分之一秒間的呈現。

　　齊威爾的團隊透過觀察碘分子電子光譜中的轉動效應，看到碘分子的即時轉動。受操控電子躍遷的選擇律所限，碘分子的電子是否可以受激發，與它的輻射偏振化平面的「定向」（orientation）有關：如果要發生吸收，分子的躍遷力矩（沿著兩個原子核之間的軸指向），一定要與電場的平面同向（次頁圖3.11）。

★
齊威爾（Ahmed Zewail, 1946-）於1999年，因為「以快速雷射技術來觀察原子在化學反應過程中的運動」，獲得諾貝爾化學獎。他擁有埃及與美國雙重國籍，在埃及享有眾望，1998年埃及曾經發行齊威爾頭像的郵票。

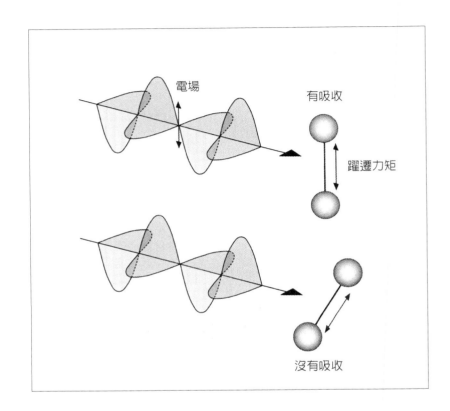

圖3.11 ▶
當光子的偏振面與分子的躍
遷力矩同定向時，碘分子才
會吸收光子。這種力矩與兩
原子核的軸同向。

通常量測電子光譜時，並不用考慮這個因素，因為樣品中含
有很多分子，每個分子的定向都不同，所以對於分子與探測光（在
一般的電子光譜中，探測光本身就是偏振雜亂的光子），隨時都有
合適的定向。

齊步轉動

分子翻滾時，有合適定向的平均分子數目不會改變。因此在
標準的光譜實驗中，電子吸收光譜與分子的轉動無關。

但是，想要「看到」轉動，就要使分子的定向趨於統一。所以需要某種方法，使分子在相同的時刻，以相同的定向開始轉動。齊威爾的方法是選出所有分子定向恰好相同的瞬間，然後只對這些分子做電子光譜分析。加州理工團隊利用「偏振飛秒雷射脈衝」，調整脈衝頻率，誘發基態電子躍遷到第一電子激發態，而選出一批起始定向相同的分子。

基態的碘分子中，唯有那些躍遷力矩與超短「激發脈衝」（pump pulse）的偏振面同定向的，才會躍遷到第一激發態；其餘的並不受影響（見次頁圖 3.12）。再用第二個雷射發出的一連串脈衝（每一個脈衝也只持續幾個飛秒），探測這群受激發分子的轉動情況。「探測脈衝」（probe pulse）會激發電子躍遷至較高的第二激發態，分子由這個激發態，放出光（螢光）衰變回到較低的狀態。研究人員監看的是第二激發態的螢光強度與時間的關係。

螢光強度 vs. 分子個數

螢光強度與有多少個分子激發到較高能態有關，也就是要看在同一瞬間，有多少個分子的躍遷力矩，與探測脈衝的偏振面同定向。當分子轉動的時候，這個數目會起落，所以就可看到螢光強度的振盪。雖然螢光訊號與電影毫不相干，但是它卻是展現分子轉動的電影（見第 171 頁的圖 3.13）。

不過，隨時間變化的螢光強度，震盪的幅度並不相同。理由是，雖然所有的受激發分子是以相同定向開始轉動，但它們的轉動速度並不相同。而雷射光束也不是純然的單色光，而是包含小範圍的頻率，所以光子的能量也有相同分布。因為轉動能階非常的密集，在這個範圍內的激發脈衝，擁有的光子能量會把基態分子，激

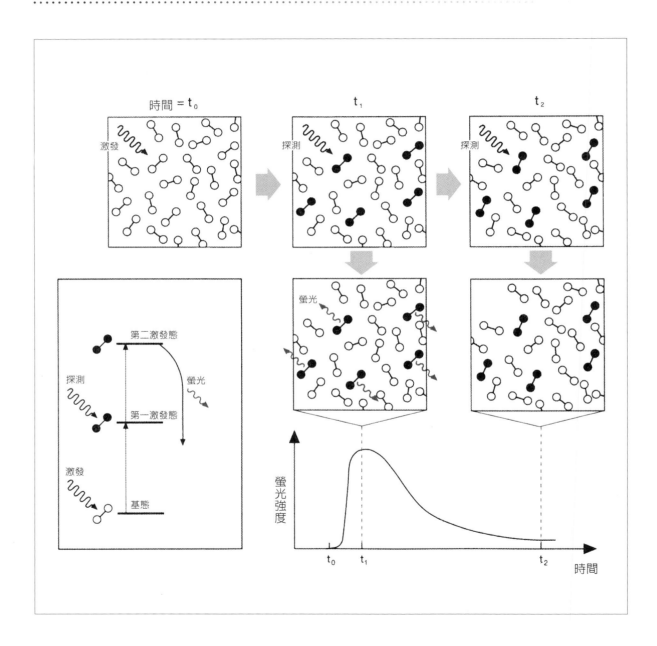

◀ 圖3.12

以齊威爾的超快雷射「stroboscope」來研究分子轉動。在 t_0 時，碘分子只要躍遷力矩恰與激發脈衝的偏振面同定向，就會受這種極短暫的「激發」脈衝，激發到較高的電子態（第一激發態）。受激發的分子用黑色表示。接著用一系列的雷射「探測」脈衝觀察這些受激發分子的轉動。探測脈衝也把分子激發到更高的狀態（第二激發態），分子從這個較高的狀態放射出光子（發出螢光），衰減回到基態。這一系列的電子躍遷顯示在左下方的圖。緊隨著在激發脈衝之後（時間 t_1），但在受激發分子明顯轉動之前，分子為吸收能量，仍然與探測脈衝的偏振面同定向。在一段時間之後（時間 t_2），許多分子都已轉動而不再與探測雷射同定向，所以就不會受激發到可發出螢光的狀態。到更後面，分子轉動回到與雷射偏振光同定向的排列，螢光強度可再度上升。

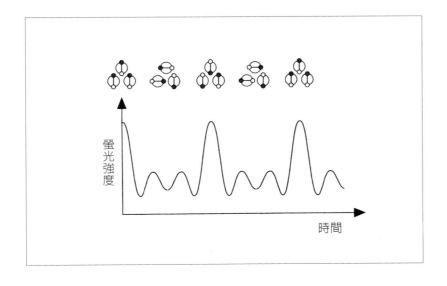

◀ 圖3.13

顯現分子轉動情況的超快電影，就是螢光強度隨時間變化的紀錄；分子因為轉動，所以與探測雷射脈衝的方向時而一致、時而不一致，使螢光強度產生振盪。因為分子不是全部以同一速率轉動，有一些分子比其他的快回到定向，所以波動的高度並不全然相同。在此我把它畫成理想的狀態，一組分子有3種不同的速率。

發到數個激發態的轉動能階，使得轉動速率各不相同。

結果使得連續能階的轉動速率，有簡單的相關性：在最低能階的分子轉動一次的時間，那些在次高能階的將會轉動兩次，而更高一層的會轉三次，以此類推。

圖3.13顯示，分子受激發到3個轉動能階後的結果。小的吸收峰顯示，當最快速的分子全部都轉動一次，回到原先的排列方向時，位於兩個較低能階的分子，還沒有轉回定向。另外一個波峰是發生在「中間」能階的分子回到原定向的時候，而最大的波峰則發生在最慢的分子轉動了一次，同時其他能階的分子經過二至三次的轉動，也回到了定向。

夫蘭克—康登原理

碘分子每秒約向內外振動十兆次，所以飛秒脈衝還是夠短，能夠拍攝這種振動運動。

至於碘分子有多少機率能吸收光子激發到較高電子能階，則是隨著碘原子向內向外振動時，原子間分離的程度而變化。碘分子的躍遷機率，在原子核間距達臨界值時最大。

這種激發機率的變化，可用「夫蘭克—康登原理」（Frank-Condon principle）＊來解釋，它是用量子力學說明反應過程。當所有分子都同時振動，就應該可以看到，分子內的這兩個原子在振動到臨界距離時，電子激發數目的升降變化（從螢光的衰變判斷）。

進行同步化

齊威爾的團隊利用與轉動實驗同樣的技巧，達到這種同步化。他們製備一批原子間距相同的碘分子，在指定的瞬間，把所有

★
提出夫蘭克—康登原理的兩位量子力學大師為：
夫蘭克（James Franck, 1882-1964），原籍德國的美國物理學家，與赫茲共同以電子碰撞原子，發現能量轉移呈量子化的現象，而於1925年同獲諾貝爾物理獎。
康登（Edward U. Condon, 1902-1974），在近代物理，尤其量子力學方面，貢獻卓越。

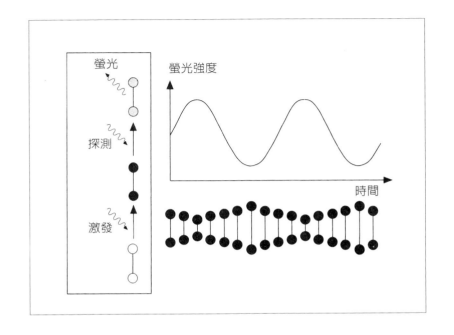

◀ 圖3.14
在齊威爾觀測振動運動的實驗中，也同樣應用到「激發和探測」原理，但是決定激發分子是否會吸收探測脈衝（而放出螢光）的，是由兩個碘原子核之間的距離決定。在原子核間距到達某個臨界值時，最有可能躍遷到螢光態。所以分子向內外伸縮通過這個理想距離時，會造成螢光訊號的升降。

具有臨界距離的分子，激發到第一電子激發態。然後再用探測雷射脈衝，把分子激發到第二激發態；當振動使原子的間距超過或小於臨界距離時，從第二激發態發出的螢光強度會有所升降（圖3.14）。

　　不過所得的結果（見次頁圖3.15）稍微複雜些，因為這種振動實際上並不十分像簡單的理想彈簧，而有一點不理想或「不和諧」（anharmonic），也就是在快速振動振盪中，疊加了低頻的升降。

　　雖然這兩種實驗中，都是從第二激發態的螢光來監視運動，等於在追蹤探測脈衝的吸收變化。實際上，齊威爾團隊也記錄了個別分子的電子吸收光譜（更精確的說，這批分子中，每一個都完全相同），得到的解析度極高。因分子都是同步移動，他們有如在觀看碘蒸氣在有色與無色間的快速轉變。

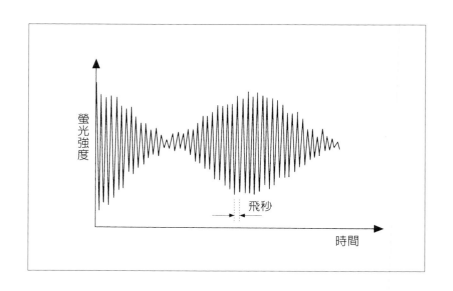

圖3.15 ▶
振動實驗的結果是螢光訊號
受分子振動而振盪。分子振
動如果像完美的彈簧一樣，
就會有一定的振盪振幅，但
是因為分子彈簧並不完美，
所以產生的是緩慢調制的振
幅。

拍攝反應過程

超快雷射電影

在 1980 年代，加州理工學院的研究群就用這種方法，成功的
探測分子運動，這也促使他們進行更進一步的挑戰：「拍攝」化學
反應進行的過程。

超快雷射電影拍攝的第一個完整反應，選擇的主題是氰化碘
（ICN）的光分解（用光引起分解）。這並不是什麼壯觀的反應，反
應之所以發生，是有一個分子吸收的能量，超過碘原子和氰基結合
所需的能量，導致分子分解。更技術性的說，基態分子的電子受激
發到游離態（unbound state）。這種分解的過程僅牽涉到一個分子

（相對的，可能是兩個分子的相撞），所以稱爲單分子反應。當然，研究人員很希望能夠用飛秒光譜學觀察更重要的化學過程，譬如酵素分子的作用等。

由簡單著手

初著手時，必須要很審慎，剛開始對這種系統進行研究時，要選擇簡單的分子來進行：沒有人巴望電影拍攝的祖師爺盧米埃兄弟*拍出《星際大戰》。還有，研究簡單且容易瞭解的系統，可以讓我們洞悉反應過程，而從中得到的經驗，都可以應用到較複雜的系統中。

加州理工學院的小組在 1987 年進行的實驗，運用的原理和前面所敘述的差不多：用飛秒雷射脈衝把分子激發到激發態，接著用探測脈衝來追蹤分子的狀況，也就是激發第二次的電子躍遷，使電子激發到可放出螢光的狀態（在此情形，螢光是來自 ICN 分裂後的 CN）。

分子陷入能量阱

碘－氰基對的能量與碘與氰基的距離有關。在基態（結合）狀態，碘和碳原子的距離在到達平衡時，會有能量「阱」，分子就像是陷在裡頭一般，只能做小幅度的鍵長振盪。

但是這個實驗選擇的第一及第二（螢光）激發態，能量隨著碘原子和碳原子的分開而平滑下降。因爲沒有能障的阻礙，激發態會自動分解（見次頁圖 3.16a）。

由於在第一和第二激發態中，能量變化與原子間距的關係，並不太一樣，而這個能量改變的差異，與原子間距的變化有關。但

★
盧米埃兄弟（Lumiere brothers）發明電影攝影機，並於 1859 年 12 月 28 日，在巴黎市中心的 Grand Cafe 首映他們拍攝的「工廠下班記」，這一天，也就是全球首部電影的誕生日。

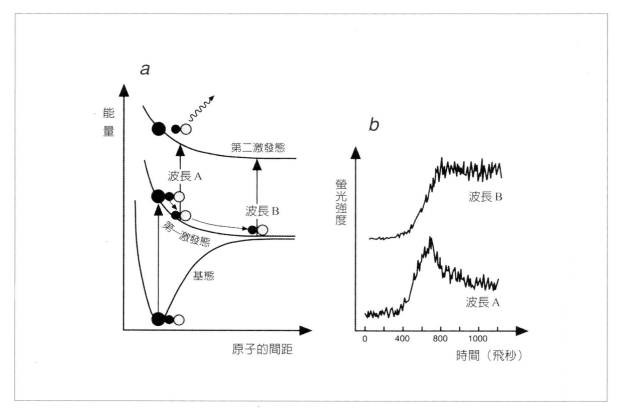

▲ 圖 3.16

化學反應的即時影像：齊威爾的團隊曾觀測氰化碘分子分解的瞬間過程。

在基態時，I—CN 鍵在「能量阱」內振動。加州理工學院的小組利用雷射激發脈衝，激發 ICN 分子到沒有能量阱的狀態（第一激發態），所以 I 和 CN 會逐漸分離。

超短的探測脈衝用來觀測這種分解過程。當探測脈衝的光子能量調整到恰為激發態和較高的螢光態之間的能量差（波長 A），此時螢光態的 I—CN 距離是百萬分之 0.3 公釐（或是 0.3 奈米），分解碎片分開的過程中，螢光訊號會先升後降。

當探測脈衝的波長（波長 B）的能量，可使碘與碳分開 0.6 奈米，螢光訊號會較慢上升（因為要使碎片分離較遠，花費的時間較長），但是隨後保持一定。在分開的距離較大時（碎片互相漂離得愈來愈開，並繼續吸收探測脈衝），這兩個激發態間的能量差，也約略保持一定。

是從第一激發態躍遷到第二激發態，只有在探測脈衝的光子能量等於這兩個狀態的能量差時，才會發生。所以僅限於碳和碘在某個距離，也就是在分解過程的某個特定時間，分子才會受激發脈衝的激發而開始分離，而且CN會吸收探測脈衝，最後使螢光訊號增強。

改換雷射頻率

齊威爾的團隊利用這種情形，追蹤分子分解時I和CN分開的運動。他們利用不同頻率的探測雷射，在這個過程的不同階段，誘發分子躍遷到螢光態。當他們利用的光子，能量相當於兩個激發態的能量差，在發射激發脈衝後，原子間距離達到百萬分之0.3公釐時，馬上會看到螢光訊號上升，然後因為分解的碎片漸漸分開而再下降（參閱圖3.16的波長A）。

當原子分開的距離到達兩倍時，這兩個激發態的能量曲線差不多是平的，也就是碎片繼續分離，但能量並沒有多大的改變，兩個激發態的能量差大致保持一定。因此加州理工學院的團隊把探測雷射調整到這個能量差時，又看到CN的螢光訊號上升（參閱圖3.16的波長B），不過比前次的慢（因為要使原子分離這麼遠，花費的時間要較長），但是隨後就保持一定，因為雖然碎片分得愈來愈開，但CN仍繼續吸收能量。

往複雜邁進

齊威爾的團隊繼續觀察更複雜的單分子即時分解反應，這次是使用碘化鈉分子（NaI），這個離子分子是由帶正電荷的鈉離子（Na^+）和帶負電荷的碘離子（I^-）以靜電引力相繫。同樣，基態能量也是隨原子間距的改變而改變，也是在原子間距很短時形成能

量阱。如果分解後是形成中性原子，那麼在越過能量阱之後，能量就大致保持一定。不過，分子若是分解成帶電荷的離子，由於離子即使分開得很遠，仍繼續互相吸引，因此要把分子分解成離子，必須要繼續供給能量，克服吸引力。

但是，如果在分解的過程中，鈉離子從碘取回電子，兩個原子就成了電中性，不需要再供給能量就可漸漸分離。對離子和中性原子來說，能量隨原子間距離的改變而改變的情況，並不相同。離子的曲線有「束縛」的位能阱（bound potential well），而中性原子或共價的曲線則是平的（除了短距離範圍之外）（圖3.17）。

產生新狀態

有人可能以為，NaI 的分解起使於把 NaI 從結合的離子能量曲線，激發到游離的共價曲線，而 NaI 在共價曲線上原子恰好能漂離分開。但是事情並沒有這麼簡單。離子曲線與共價曲線交會時，這兩種形式的 NaI 在能量上相等，所以兩種形式可以互相變化，而不需要消耗任何能量。在這一點，分子確實可以存在於兩種能態「混合」成的新能態。

而實際的情況是，在共價曲線上，原子分離時因為混合態的緣故，原子會在交叉點獲得離子特性，之後因為受靜電吸引，使這兩個原子再度結合。這兩種能態的混合，為激發態創造出一個較淺而平底的能量阱，所以激發態分子中的原子，僅能在淺能量阱內來回振動（圖3.17）。但是每一次原子到達交叉點時，就有機會（受量子力學機率指標決定）進入混合產生的共價態，讓中性原子逃離能量阱。這兩種原子就會繼續往外運動，產生分解。

齊威爾的團隊觀察激發態的 NaI 分子來回反彈跳動，偶爾從能

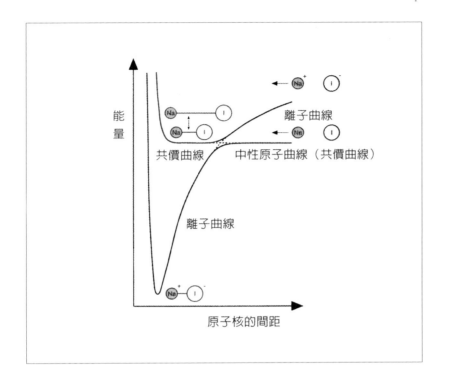

▲ 圖 3.17

碘化鈉分子可以分開成鈉離子與碘離子（Na^+ 與 I^-）或者是兩個中性原子（Na 與 I）。隨鈉和碘間的距離增加，這兩種組合的能量各有不同的大小。在某個特定距離時，能量曲線會相交；在這兒，量子力學容許離子和共價「混雜」共存，所以有可能從一個能量曲線跨越到另一個能量曲線。實際上，較淺而平底的能量阱是共價曲線（在原子間距小於交會點的位置）和離子曲線（在原子間距大於交會點的位置）共同形成的。碘化鈉分子受激發到共價曲線後，可能會在這個淺的能量阱內振動。每一次原子到達阱的外緣，就有機會「溜出」能量阱，跳上共價曲線而繼續分離。在本圖中，虛線連接兩條「純」能量曲線（即連接了離子曲線和共價曲線）；而實線融合創造出兩條混成曲線。

量阱溜出而分解。他們使用激發脈衝誘導離子，由基態的離子態轉變到激發的共價態，並用一系列的探測脈衝，監看激發的共價態在較高的阱內振盪。調整探測脈衝的頻率，把自由的鈉原子激發到能發出螢光的激發態，此時就有如他們在早期實驗中，激發出 CN 的情況一樣。

激發態分子進行振動，一再經過臨界原子間距，吸收探測脈衝（夫蘭克—康登原理再度發揮效應）而使螢光訊號起伏。但是螢光振盪的強度會持續減弱（圖 3.18），因為有一部分的激發分子會在振盪中「損失」而分解。由這裡就可看到，即時的受激發態的振動和單分子的分解過程。

早期分子電影的狀況是如此，但是現在齊威爾以及其他研究人員，已經探索了更複雜的反應，例如兩個分子碰撞產生的反應，或溶液裡原子「籠」中發生的反應。這些研究不只能讓我們更深入瞭解，化學轉變中最根本的過程，也提供化學鍵結本性更完整的面貌。

對分子運動的時間點漸漸瞭解後，我們就能夠開始練習進一步操控原子，引導反應的進行。

用光化學解剖分子

由碎片得線索

ICN 或 NaI 之類的簡單分子可以經由加熱分解，也就是把分子激發到較高的振動能階，振動到分離為止。加熱是幾乎不會有差別

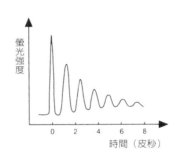

▲ 圖 3.18
用激發脈衝和探測脈衝實驗，即時追蹤光引起的碘化鈉分解反應。分子在上方的能量阱內的振動（見圖3.17），溜出到共價曲線上（產生分解），接著分子會激發到較高能態，發出鈉螢光。因為愈來有愈多的分子「溜出」而分解，螢光振盪的振幅就逐漸減少。〔1皮秒（picosecond）是 10^{-12} 秒〕。

待遇的分解劑，對更複雜的分子也有一樣的效果：它對所有的鍵結都給予幾乎相等的能量，所以用加熱引發複雜分子的分解，就可能產生各種分裂碎片。

化學家如果有能力進行選擇性分解（斷裂分子內的特定鍵結），對化學反應進行過程，就有了超強控制力。

目前，進行選擇性鍵結斷裂時，最常用的還是化學方法。例如，在合成有機化合物時，常會先把化合物中敏感的部分加上「保護基」遮住，然後才與試劑進行反應，斷裂想斷的鍵結。反應完成後必須去除保護基團，這個效力可能有限的工作費時又費力，而且也可能會使最終產物的產率明顯降低。

雖然第2章討論的選擇性觸媒，有時可以用來促進特定鍵結的斷裂，但是常常都是要一試再試，歷經千辛萬苦才能研究成功。化學家現在把雷射光譜學的經驗應用到光化學上，開發新技術進行選擇性的鍵結斷裂，最後可能比其他方法更簡潔更有效率。

雷射分子手術

雷射誘發的選擇性鍵結分解，可以說是一種「分子手術」（molecular surgery），它利用雷射割除分子中的指定區域，其他區域都不會動到。要做到這點，必須用特定顏色（單色）的高強度雷射，把能量激發到某些鍵結上，抖動鍵結到恰好斷裂。

我們已經見到，要使分子中各種鍵結產生振動，吸收的光限於某些特定的特性頻率。因為雷射光的頻率很窄，所以我們很可能可以用恰當頻率的雷射光去照射分子，激發分子中單一種類鍵結的產生振動。

特殊本徵態

雖然這在理論上確實可行，但要用雷射來做單分子的選擇性鍵結分解，還是有困難。把大量的能量放到到單一鍵結上，並無法保證這些能量留在鍵結上的時間，足以斷裂鍵結。分子偏好的某些振動模式，稱為「本徵態」（eigenstate），它們的性質由分子的形狀（更嚴格的說，是對稱性質）所決定。

例如，甲烷分子（CH_4）的振動本徵態，就是甲烷的 4 個 C－H 鍵同時伸縮，使分子形狀永遠保持為四面體。當有能量加到特定的鍵結上，能量會傾向快速重新分配，以便使分子執行偏好的本徵態振動。這種搶奪能量的效應，使斷裂指定鍵結的效率受限。

分解本徵態

研究人員警覺到了這種困難，於是決定先對特定的振動本徵態進行分解。也就是準備足夠的能量，引起有選定本徵態的分子分解。美國威斯康辛州立大學麥迪遜分校的格里姆（Fleming Crim）和同事，就利用這種方法對過氧化氫分子（H_2O_2）引發本徵態分解。

不過，格里姆他們不是直接把分子激發到預定的振動本徵態，而是把要送到本徵態的能量，經由分子內的能量傳送機制來傳送。他們用雷射把 O－H 的伸縮振動激發到第 6 級振動能階；隨後這個能量會重新分配到振動本徵態，在那兒 O－O 鍵也會振動。能量最初是放到 O－H 鍵上，不過尚不足以斷裂 O－H 鍵，但 O－O 鍵較弱，當分子振動進展到本徵態，分子就會分解成兩個 OH（圖 3.19）。

▼ 圖 3.19
要把過氧化氫的 O－O 鍵打斷，必須先把能量打到 O－H 鍵上。這個能量很快的在分子內重新分配，然後到達特定的振動本徵態。如此一來，激發態分子斷裂的就會是 O－O 鍵，而不是 O－H 鍵。

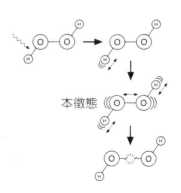

本徵態

不過，特定的本徵態分解與特定的鍵結分解並不相同。前者，只要分子以特定方式的振動，就可以確保分解會發生，但這並不保證過程中只會得到單一組的產物，因為只要有足夠的能量，指定的本徵態也許有許多不同的方式，可以進行分解。

要達到選擇性斷鍵，就必須保證外加激發能量引起的運動，都能導致我們想要的分子分裂。這是更困難的挑戰，因為這些運動通常不會引起本徵態振動。

加州大學柏克萊分校的摩爾★（Bradley Moore, 1939-）和工作伙伴在環狀碳氫化合物的重新排列中，試著增快氫原子從一個碳原子上面轉移到另一個碳原子上面的速率，於是利用雷射激發 C — H 鍵的伸縮振動，想要使它斷裂。但他們發現分子內的能量重新分配進行得太快了，激發 C — H 鍵對斷鍵以及氫原子的轉移速率，並沒有明確的效果。

★
摩爾教授已於 2000 年離開柏克萊，轉赴俄亥俄州立大學擔任副校長。

水分子

不過，若用非常簡單的分子來做實驗，則較為成功。格里姆的小組改用水分子來進行選擇性斷裂實驗，但實驗前要把 H_2O 變成 HOD，就是把水分子中，兩個氫原子中的一個，用較重的同位素氘（deuterium, D）取代。HOD 的分解可能產生 H 和 OD 或 D 和 OH。如果是加熱分解，會得到這兩組產物的混合。因為氘比氫重，O — H 和 O — D 鍵的振動頻率並不相同，所以原則上雷射脈衝可以選擇性激發其中一個鍵。

問題是，用這個方法來斷鍵，會不會使激發能量在這兩個鍵結之間進行重新分配？

選擇特定鍵

　　格里姆小組，用很巧妙的方法來選擇斷裂O－H鍵。他們先使O－H鍵的振動激發到第6級的振動能階。但是這個能量還不足以使O－H鍵斷裂。研究人員施加了第二雷射脈衝，就把振動受激發的分子提升到可解離的電子激發態，至此分子不可避免一定會分解。因為O－H鍵含的能量高於O－D鍵，激發態時斷裂的比較可能是O－H鍵的部分（圖3.20）；格里姆發現O－H鍵的斷裂比O－D的斷裂常見，相差了15倍之多。

前景光明

　　在最近的實驗中（本書寫於1994年，所謂的最近應該是指

圖3.20 ▶
要斷裂氘化水分子（HOD）中的O－H鍵，格里姆的團隊會先把基態HOD分子中的O－H鍵振動激發，然後再把分子激發到達分解的電子態，使這個「熱」O－H鍵斷裂，而不斷裂O－D鍵。

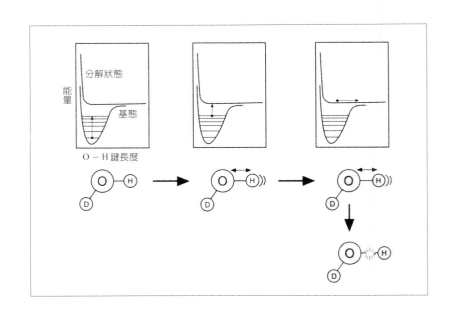

1994 年之前），格里姆小組已能夠經由改變激發雷射脈衝的波長，選擇斷裂 O － D 或 O － H 鍵。

美國史坦福大學的扎爾（Richard Zare, 1939-）和同事也完成類似的選擇性轉移：把氫原子從氨（NH_3）送到「氘」化氨（ND_3）。他們有辦法控制這個反應，使氫的正向轉移比倒過來把氘從 ND_3 轉移到 NH_3 更有效率。

這些研究預見以光化學選擇鍵結的前景，但是這項技術要實際用到化學合成上，還有一段好長的路要走。有些研究人員懷疑較大的分子，振動運動會太複雜，根本無法進行「乾淨俐落」的手術。不過，很多重要的工業製程，會用到相當簡單的化合物。也許有一天利用光化學的方法，可以對反應結果進行前所未有的控制，這也不是不可能。

難以置信的排列

原子的幾何學

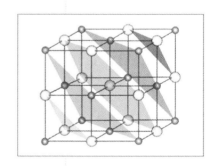

我懷念往日時光，當時 X 射線結晶學碰到的每個問題，
幾乎都像謎一般，要反覆思索才能得解。

——鮑林 （Linus Pauling，見前言第 11 頁）

倫敦和紐約有許多不同之處。其中有許多地方，要親臨兩個城市才能體會。不過，這兩個都市最顯著的差異，只消瞄一眼兩地的街道圖（圖4.1，見第190、191頁），就能知曉。

固體型態與都市類型

棋盤式的紐約市區

紐約市是經過規劃興建的：曼哈頓區更是呈現棋盤模式，小街橫過東西，大道貫穿南北，兩者呈直角相交。全城以街道劃分成簡潔規則的街區，大小幾乎相同，方向大略一致。

隨意蜿蜒的倫敦街道

倫敦卻不同。

倫敦街道幾無規則，大街小巷任意延伸、隨意交錯、糾結成一團。倫敦是從中世紀的小客棧、教堂和小屋的泥濘路發展成今日規模，從沒有人為她做過大規模的規劃。

差異的結果

這種差異，造成陌生人在紐約問路時，不管他身於何處，聽到的指路語彙都差不多。譬如說，向南走四個街區，然後朝東走三個街區。然而在倫敦，就沒有街區這種概念了，每一個地點得到的方向指示都不同：沿著艦隊街，橫過路德門圓環，然後再沿著聖保羅大教堂……

晶體就像紐約

晶體像紐約。固體材料的結構也有類似的情形。

有一些固體的結構就像紐約，它們是原子以特定規則組成的組塊，規律的堆積而成。像是石英、食鹽、金屬等的固體晶體，就屬此類。

非晶固體則是倫敦

其他的固體則像是老倫敦：組成的原子或分子亂堆一通，物體中每一個部分的堆疊方式都不一樣。這些固體稱為「非晶」固體（amorphous），窗玻璃和大部分的塑膠，都是如此。

所以，比起非晶材料的結構，晶體材料的結構通常比較好描述，也就不奇怪了。

有規律，好預測

假設有一位地圖製作者走在紐約街頭，發現只要沿著街約走50碼，就會走到與大道成直角的十字路口，屢試不爽。他在紐約街頭，不管是轉彎或繼續直走，結果都是大同小異：每約50碼都會碰到十字路口。沒多久，他就覺得，推測整個都市都像這樣，應該不會出錯。

因此，他只消在曼哈頓島的圖型上，填入街道與大道的網路，兩兩間隔大致為50碼，就可完成地圖，這工作在酒吧裡邊喝酒邊畫就成，根本不必辛苦踏遍大街小巷。

雖然完成的地圖，會有一些小差錯，像百老匯大道*就會畫得不準，但是這張地圖，還是可以呈現出紐約的大致布局。

★
百老匯大道原本是印地安人，沿著曼哈頓島隆起的丘陵脊踏出的路徑，是紐約最不按照規矩排隊的一條路。

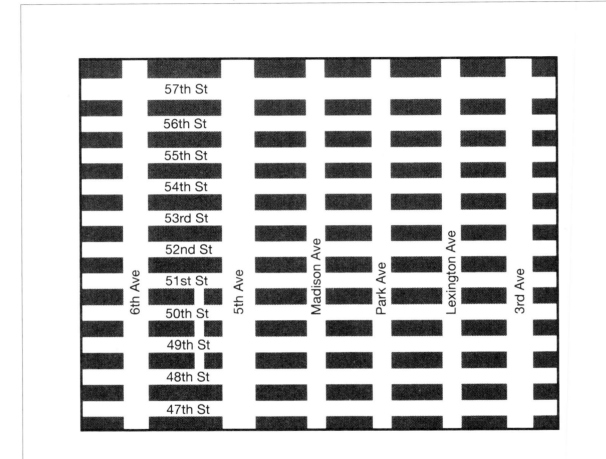

▲ 圖 4.1
曼哈頓的街道,像棋盤般整齊規則(本頁圖),而倫敦的街道則很混亂,毫無規則可循(次頁圖)。

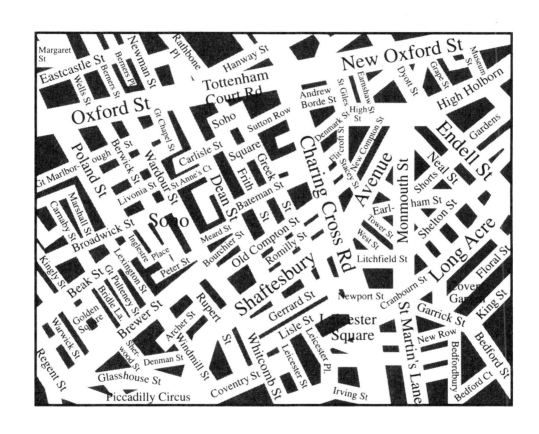

　　然而製作倫敦地圖的人就沒這麼幸運，他必須走過雜亂的街道，邊走邊畫，而且地圖愈來愈迂迴，沒到現場一探究竟，他也猜不出還沒畫到的地方，到底長什麼樣。

何謂晶體？

　　晶體與非晶固體的區別就是有序（order）和無序（disorder）。更確切的說，是在數百萬個原子左右的大距離中，顯現出有序無序的區別。

　　仔細看玻璃和其他無序的固體，在數個原子之間，也常顯現某種程度的規則性。同樣的，我們也可以指出倫敦市內，在短距離間出現的規則性：而且小規模的規則性，在雜亂中有一些概略規則，例如街道轉角也多半接近直角。

　　但是非晶固體的詳細結構是門大學問，我就不在這裡多提了。

X射線看見晶體

　　完美晶體的原子排列結構，整體上是有規則性與重複性的（雖然真正的晶體很少這麼完美）。科學家利用「X射線晶體繞射」技術，逐步探究真相，辨認晶體內原子的確實位置。

　　而「X射線晶體繞射」，就是把X射線打到晶體，讓X射線反彈，再量測反射束的「亮」與「暗」。

　　X射線晶體繞射是化學家用來直接看分子形狀的最有力工具。因為包括蛋白質在內的很多生物分子，都可以製備成晶體，再用X

射線繞射法去瞭解這些巨大分子的構造，而且這些分子相當複雜，很難用其他方法測定結構。

新型態固體

本章主要討論的物體之一，是一種新類型的固體。

在 1984 年首度發現這種固體時，似乎把晶體結構的結晶學研究領域轉了方向。這些稱為「準晶體」（quasicrystal）的材料，讓我們重新思考晶體的組成。

雖然準晶體的詳細原子結構，還未有定論，但準晶體的存在對晶體理論引發的矛盾，大部分已得解。在討論準晶體的過程，我們將會遇到常讓藝術家、工匠、和數學家緊張的對稱概念。

有序的單元

找出單位晶胞

就像繪製紐約地圖時發現的一樣，晶體結構的規則性意味著，只需要一部分的資料，就可推斷晶體全貌。而堆疊出完整固體結構的最小單元，稱為「單位晶胞」（unit cell）。

完美的晶體含有幾十億個單位晶胞，這些單位晶胞像盒子般堆疊起來。所以想知道數十億原子在晶體中如何排列，只要分析為數少很多的原子排列就可以了。像是食鹽（氯化鈉）這種簡單的化

合物，也許單位晶胞裡只有不到十個原子。

最常見的晶體

觀察食鹽

食鹽是說明晶體特性的好例子，它的組成原子（氯和鈉）在單位晶胞中排列的方式相當簡單，而且你只需要走幾步到廚房就可以找到食鹽，觀察出如果固體中的原子，以有規律的方式排列，會呈現出何種結果。

仔細瞧瞧食鹽顆粒，或藉助放大鏡，就可以看到很多像正立方體的東西（圖4.2）。

單位晶胞定固體形狀

這種立方體對稱性，可以一路回溯到單位晶胞的形狀：食鹽的單位晶胞本身就是正立方體，它是由氯和鈉原子以特定方位所構成的。

氯化鈉晶體是由如圖4.3（見第196頁）所顯示的單位晶胞構築而成，每一個單位晶胞中總共含有4個鈉原子和4個氯原子，分別位於角落、邊緣、面上及正方體的內部。

事實上，在圖4.3中實際上顯示出，每一種原子不只有4個，但是因為那些在角落、邊緣和立方體表面上的原子，是與隔鄰的單位晶胞共用的，如果僅把位於單位晶胞正方體內的原子加起來，每一種原子的總數將剛好等於4。（例如氯原子，在角落上的等於

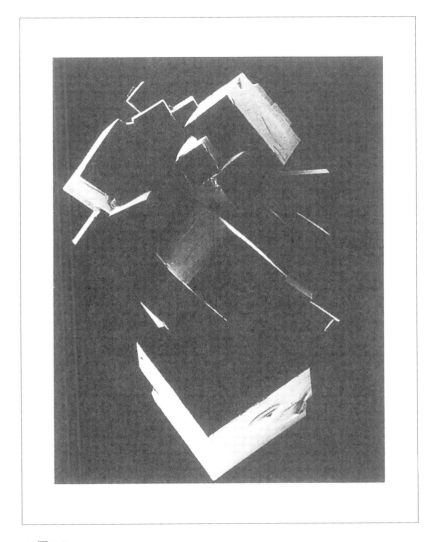

▲ 圖 4.2
食鹽（氯化鈉）的正立方晶體，反映出它的單位晶胞，是以離子規則堆疊
而成的正立方形。（照片由 Jeremy Burgess ／科學相片圖書館所拍攝）。

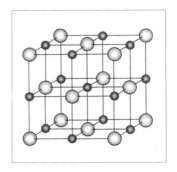

▲ 圖4.3
氯化鈉晶體的正立方體單位
晶胞。大圓球代表氯離子，
小圓球代表鈉離子。

1/8 個，共有 8 個；在面上的等於 1/2 個，共有 6 個；1/8 × 8 ＋ 1/2 × 6 ＝ 4 個。至於鈉原子，在中央有 1 個；在邊緣的等於 1/4 個，共計 12 個；因此 1 ＋ 1/4 × 12 ＝ 4 個。）

離子晶格

我得提醒，氯化鈉中的原子，實際上是離子；也就是說，這些原子上帶有電荷。因為鈉原子把 1 個電子給了氯，使鈉本身帶正電荷（稱為正離子），而氯帶負電荷（稱為負離子）。

由同一種離子的位置所定義的結構稱為「晶格」（lattice），晶格是「完全相同的點」進行規則、對稱的排列。

即使像這類簡單的離子鹽，也會呈現各種不同的晶體結構，但是我們會發現，許多不同的化合物，都具有相同的結構。例如，氯化鉀、氧化銅和硫化鎂的結構，都與氯化鈉相同。這些化合物中的金屬，取代了鈉離子的位置，而非金屬則占據氯離子的位置。

這種情形使結晶學家的工作簡單了許多，因為這表示化合物可以依照結構分類。圖4.4畫出幾種常見晶體的單位晶胞。

測出晶體結構

馮勞厄開先鋒

氯化鈉晶體是在 1913 年時，第一批用「X射線繞射」導出結構的晶體之一。

德國物理學家馮勞厄★為了研究「電磁輻射」與規則排列的

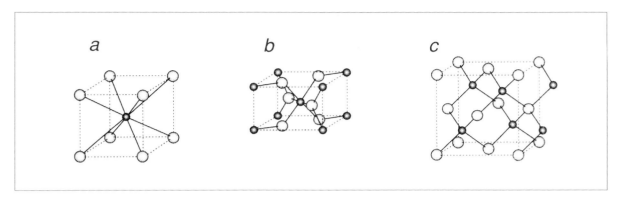

▲ 圖 4.4
許多不同化合物有相同的堆疊配置。
此處顯示一些常見的單位晶胞：氯化銫（a），二氧化鈦（金紅石）（b），
及硫化鋅（c）的結構。其中，小而暗色的圓球為金屬離子。

「散射物質」（如原子）間的交互作用，於是在 1912 年，把 X 射線
打到硫酸銅晶體上，並在照相底片留下反射束的模式。

　　馮勞厄發現，某些方向上 X 射線有很強的反射，但其他的方
向上則幾乎沒有散射出輻射訊號。這結果使得底片上呈現出對稱的
斑點模式〔次頁的圖 4.5 顯示出硫化鋅（圖 4.4c）的模式〕。

布拉格父子聯手出擊

　　不出幾個月，劍橋大學的勞倫斯・布拉格*證明斑點模式可以
解析出原子在晶體的位置。他示範了從斑點模式推算原子配置與原
子間距的方法。經由與父親亨利・布拉格的合作，勞倫斯・布拉格

★
英國物理學家勞倫斯・布
拉格（Lawrence Bragg,
1890-1971），與其父亨
利・布拉格（William
Henry Bragg, 1862-1942）
共同發明 X 射線光譜學，
而在 1915 年時，父子兩
人同時以此成就獲得諾貝
爾物理獎。布拉格父子獲
獎，創下了諾貝爾獎的兩
項歷史紀錄，至今尚無人
能打破。其一是最年輕的
得獎者，獲獎當時勞倫
斯・布拉格年僅 25 歲，
其二是父子同時獲得諾貝
爾桂冠。

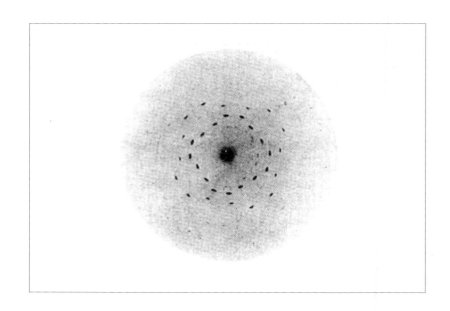

圖4.5 ▶
馮勞厄發現 X 射線會從晶體散射出來，形成有規則的斑點模式，並可照相記錄。在這裡所顯現的 X 射線模式，屬於硫化鋅晶體，是馮勞厄和同事在 1912 年首次測定的化合物之一。這個模式呈四重對稱，顯示晶體為對稱結構，如圖 4.4c 所示（摘自馮勞厄 1962 年的出版品）。

量測出數種晶體物質的 X 射線反射模式，再將這些反射模式轉化成晶體結構圖。

X 光繞射立功

　　所謂「繞射」，是指一束 X 射線從晶體反彈後，產生明亮斑點的現象。這種現象會生成，是因為 X 射線具有波的性質。

　　正如第 3 章所講的，X 射線只不過是光的一種形式，它的波長很短，因此具有很高的能量，而且電磁輻射光子或量子「包」的能量，會隨波長的減小而增加。

　　X 射線束可以視為一束波動的光線，每一道光線都有一連串的

波峰和波谷，對應電磁場振幅的變化。當一個波與另一個波相遇時，會互相「干擾」。如果相遇時兩波都處於波峰，就會「相加」成兩倍高度的單一波峰。相反的，如果兩波相會時，是波峰遇到波谷，就會互相抵消，於是在相交的點上，輻射強度會變成零（圖4.6）。

相長、相消露玄機

當相會的兩個波峰相加時，就稱為「相長干涉」（constructive interference），但若是互相抵消，則稱為「相消干涉」（destructive interference）。干涉的影響可以從水波來實際觀察：將兩顆卵石丟到池塘裡，這兩點興起兩個向外擴散的圓形漣漪，當兩漣漪交會時，就產生了干涉圖樣。

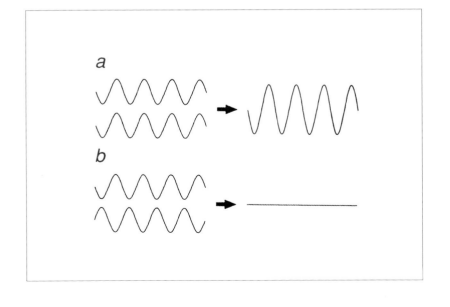

◀ 圖 4.6
兩波相遇時，振盪會受干涉而增強或減弱。
a. 顯示出一個極端的例子：當兩波完全同步〔就是同相（in phase）〕時，波峰和波谷都會增強，使得振幅加倍，這就是相長干涉。
b. 另一極端的例子，兩波完全不同步，互相抵消，這個情況稱為相消干涉。

探測原子層

　　馮勞厄在 1912 年底片記錄的影像是繞射模式的圖，是 X 射線從硫酸銅晶體散射出來產生的干涉。從原子反彈的 X 射線各方向都有，有一些是從第一層的原子反彈過來；有一些沒打到第一層，而是從下一層反彈；還有一些是從第三層、第四層等反射的。

　　但是從第二層反彈回來的 X 射線，比從第一層反射的多走了一段距離，所以這兩束反射線的波峰和波谷，可能會因為不同調而發生干涉。當這兩道射線相差半個波長，就變成相消干涉，射線會互相抵消。不過，如果這個不同調相差一整個波長，就產生相長干涉（圖4.7）。

　　如果其中的一道反射束不是來自第二層，而是來自第六層，產生的差別就可能是好幾個波長。但是兩道干涉射線的差距是波長的整數倍時，會產生波峰相疊的相長干涉，而當差距是波長的整數倍再加半個波長時，兩道射線就相抵消。

　　兩道反射束之間的關係，與入射到各原子層的角度以及各層之間的距離有關。所以反射束會產生有些地方是高強度、有些地方是低強度的模式，而在對 X 射線敏感的底片上留下亮點。晶體內規則而對稱的原子堆疊方式，就可以由亮點的規則模式推敲出來。

布拉格導出方程式

　　勞倫斯・布拉格認為，X 射線散射的強度會隨入射束投射的角度而變化，可以由此計算出各原子層之間的距離。他列出繞射模

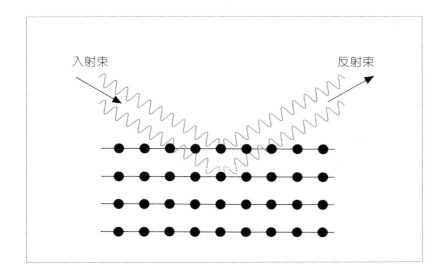

入射束　　　　　　　　　反射束

◀ 圖 4.7
從晶體不同的原子層反射出的平行 X 射線，可以因為不同的步調而呈相長干涉或相消干涉。
干涉的性質受兩光線的路徑長度差而定（此處用虛線表示），而路徑差本身則受層間距離和入射束的角度所影響。因此由不同層反射出的眾多射線，相互干涉形成的繞射模式，就包含了層間距離的資訊。勞倫斯‧布拉格導出數學式，求出相長干涉產生的亮點的位置間距。

式出現亮點時，層間距離與角度關係的方程式。

布拉格的方程式*解釋了，為什麼我們必須用 X 射線得到晶體的繞射模式，而不能用可見光等較安全且方便的輻射。

布拉格方程式顯示，要從任何種類的層狀結構產生繞射，入射線的波長一定要和層間距離差不多，這在結晶學上指的就是，入射波長要約為兩相鄰原子的間距。例如，在氯化鈉晶體中，鈉原子與相鄰的氯原子距離為百萬分之 3 公釐，這與用來做繞射研究的波長百萬分之 0.15 公釐的 X 射線，相去不遠。

從原子層間距算起

不過，計算出晶體內原子層間的距離，不等於導出晶體中每一個原子的確切位置。晶格中原子的配置，比層層堆疊中的兩層原子，複雜許多：晶格排列中，可能可以找出許多以不同方向排

★
布拉格方程式為：

n λ = 2d sin θ

其中
λ 為波長
d 為晶體中原子層的間距
θ 為原子層與入射線的夾角，當 θ 的角度符合布拉格方程式時，便會出現相長干涉。

列的反射面（圖 4.8）。

　　X 射線以特定角度投射到特定一組平面上，也會同時以不同角度打到另一組平面，所以每一疊平面就得到整組符合布拉格條件的相長干涉，這個結果與層間距離有關。

　　改變入射線的角度（做實驗時，為了要保持 X 射線的平穩，僅僅轉動受照射的晶體即可），就可以得到不同疊的平面相長干涉後的亮點，這些亮點構成很複雜的模式——這就是晶體結構的資訊。

解析繞射圖形

　　完整繞射模式包含的資訊，是晶體的原子在各個方向上的間距，而不只是單一組平面的間隔而已。

　　基本上，晶體結構的所有細節都編成密碼，以點（或者「尖峰」）的模式表現。但若要解密，結晶學家必須要能夠推論出，尖峰是來自於哪一個平面。這件工作稱為「尖峰的標明」（indexing the peaks），需要相當繁複的數學才能完成。

　　不過，這些複雜模式有一項特性，可以馬上告訴我們一些晶體結構的資訊：繞射圖樣的對稱性與晶體本身的結構互相呼應。

　　例如，我們已看到氯化鈉的單位晶胞是對稱的立方體，這表示每旋轉四分之一圈，它就會回到完全相同的位置。如此旋轉四次就可以回到原出發位置，所以說它具有四重的對稱軸，而它的繞射圖樣也具有四重對稱，情況與硫化鋅的模式（圖 4.5）類似。事實上，大部分簡單的晶體，像是純金屬，都有四重或六重的對稱。

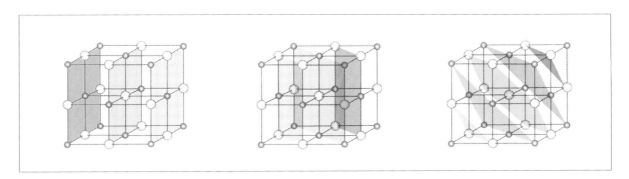

▲ 圖 4.8
如同這裡顯示的氯化鈉，晶體包含了多種原子反射面，這些反射面是晶格中不同角度的切面。

探測大分子

邊猜邊解

　　如果單位晶胞含有很多原子，要標明尖峰就沒有那麼簡單。如此一來，就得先猜測它的大致結構，而不是從頭解碼整個繞射圖樣。

　　由猜測的結構推得的繞射圖樣，可經過計算並與實驗結果進行比較。如果猜測得好的話，猜測出的圖樣就會接近實驗結果，之後只要稍微動點腦筋，調整一下原子的位置，直到這兩者完全吻合為止。

　　在解析蛋白質等生物分子的晶體，這等最複雜的單位晶胞時，用猜測與移動的方法可能沒什麼作用。此時，幾乎不可能一開始就猜到可能的結構。

結晶學家很可能發現自己不斷的重置原子，但算出來的干涉圖樣卻完全無法趨近真實情況。在這種情形下，最好是完全不管個別原子的位置，改採全然不同的方式描畫結構。

當 X 射線從原子散射出來時，其實是受到原子中的電子所散射，X 射線一點也「看不到」微小的原子核，它會偏轉完全是原子核周圍的電子雲造成的。因此繞射圖樣，其實是單位晶胞中全體電子分布的編碼影像。

畫出電子雲密度圖

電子雲通常環繞著原子核，所以從電子的分布可以適切描繪出原子的位置。只不過應該把這種圖形視為一種均勻連續的電子密度圖，圖中的某些地方電子比較密集，有些地方比較稀疏；而不該把電子的分布分割後，分配在個別原子上。

用電子密度圖來處理結構的優點，是讓我們可以利用某些數學工具，這些數學工具是無法處理不連續「原子」圖像的。與其費心調整原子，使計算出的數據與測得的繞射圖樣相符，不如利用 19 世紀法國數學家傅立葉*導出的數學法來處理，如此一來就可以像用黏土壓模一樣，塑出電子密度圖的正確形狀。

一旦完成結晶學家滿意的適當程序後，即可檢視電子密度圖中電子較密的區域，通常這裡就是原子所在之處（見圖 4.9）。

以傅立葉法解讀繞射圖樣，對於分析有機和生物化學分子的晶體結構，的確助益無窮。在結晶學草創時期，一般都覺得這類分子的繞射圖樣太複雜，無法看得懂，但是經由結晶學家的努力，情況已經改觀。

★
傅立葉（Joseph Fourier, 1768-1830），法國數學家、物理學家，著有《熱的解析理論》(1822)。創傅立葉分析，把任何一函數分解成三角函數之和（分解的結果稱為傅立葉級數），對物理的發展影響極大。現代電子通訊及娛樂電子器材（電視、音響等等）在設計時都應用到傅立葉分析。

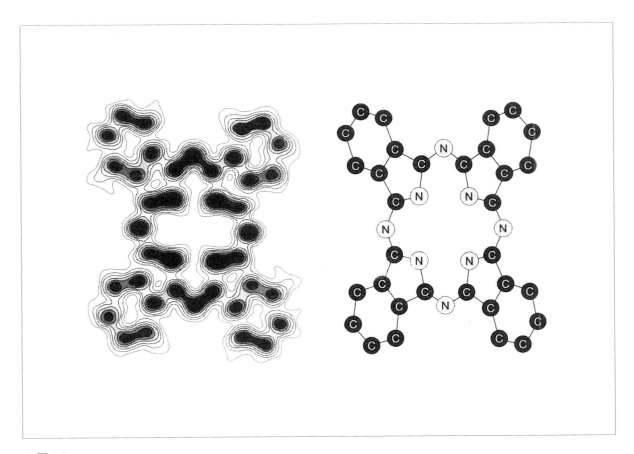

▲ 圖 4.9
左圖是酞青素（phthalocyanine）晶體的電子密度圖，這是利用傅立葉分析繞射圖樣，所顯示出原子的位置圖。
右圖是酞青素的分子結構圖。

★
肯祖魯（John Kendrew, 1917-1997）曾追隨勞倫司・布拉格修習博士學位，他因為確定肌紅蛋白的結構，而在 1962 年獲得諾貝爾化學獎。

◆
法蘭克林（Rosalind Franklin, 1920-1958），英國生化學家；克里克與華森根據了她和另一位生物物理學家的 X 射線繞射實驗結果，在 1953 年發現 DNA 的分子結構。

♣
克里克（Francis Crick 1916-），英國分子生物學家，與美國生化學家華森（James Watson, 1928-）在 1953 年共同發現 DNA 的雙螺旋結構。兩人因此於 1963 年共同獲得諾貝爾生理醫學獎。克里克後來跨行進入認知科學領域，從視覺研究心靈，著有《驚異的假說》。

大分子結構相繼解出

牛津大學的霍奇金（Dorothy Hodgkin, 1910-1994），在 1950 年代推論出盤尼西林和維他命 B_{12} 的分子結構（這兩個分子各含有 41 個原子與 177 個原子），她也因為這項成就，在 1964 年獲得諾貝爾化學獎的榮耀。而劍橋大學的肯祖魯★也在 1955 年解開了肌紅蛋白的結構秘密，肌紅蛋白是血紅素的相關物質，功用是經由血液運送氧氣。

倫敦大學國王學院的法蘭克林◆，她測得的 DNA 繞射圖樣，為 DNA 的雙螺旋結構提供極重要的線索。因為法蘭克林的研究，克里克和華森♣才能於 1953 年推斷出 DNA 分子結構（見第 5 章）。

功力大躍進

比魯茲■發現，汞與金等重金屬原子可以與蛋白質晶體結合，而不會明顯干擾蛋白質分子中原本的原子配置，使得 X 射線結晶學的功力在 1953 年大為增進。

金與汞這類重原子的電子密度很大，產生的繞射圖樣明顯且清晰，可以定位出周圍的電子分布，建構出整張電子密度圖。因為有了研究蛋白質的能力，科學家終於對酵素之類的分子可以有進一步的瞭解，能夠知道這些分子看起來像什麼、如何作用。

今天，巨大而複雜的生物結構，像是口蹄疫的病毒（見第 208 頁的圖 4.10），已大約有固定解法。口蹄疫病毒值得注意的，是它的五重（五邊形）對稱。由於病毒晶體堆疊成球狀，所以顯不出個別單元的五重對稱。但是我們將會看到，在晶體上，五重對稱具有很奇怪的性質。

發現新物質

四個臭皮匠的無心插柳

1984 年，在美國馬里蘭州蓋瑞斯堡的美國國家標準局，有 4 位研究員發現一種物質，好像打破晶體結構最基本的法則。

當時謝克特曼（Dan Schectman）、布列克（Ilan Blech）、格拉第亞士（Denis Gratias）、和康恩（John Cahn）正在研究鋁錳合金，這種合金是把這兩個金屬的熔融混合物快速冷卻而得：把熔融混合物噴到快速旋轉中的冰冷滾輪表面，液態合金的溫度會以每秒100 萬℃的速率降低。研究人員預期混合物用這種快速冷卻法凍結出的結構，和慢速冷卻下得到的結構，應該有顯著的不同。

他們的「冷卻」技術是不平衡過程的一個例子，將會在第 9 章討論。

美國國家標準局研究小組發現的結構，在 X 射線繞射下測得的圖樣，真是怪得不得了，看起來很不真實。

不可能的晶體

圖 4.11（見第 209 頁）是他們所觀測的圖樣中的一個例子。這個圖含有很明顯的繞射尖峰，顯示晶體結構是規則對稱配置的（相對的，不規則的非晶材料，則會產生模糊的繞射圖樣，很難推導出它的結構）。

這個圖中有 10 個亮點環繞著中間的大亮點。

我先前曾提到繞射圖樣的對稱性質，可以顯示出晶體的對稱

■
比魯茲（Max Perutz, 1914-2002），1962 年諾貝爾化學獎得主。比魯茲自認他的研究受益於當時劍橋俊彥頗多，其中包括他本人在內的許多人，後來都得到了諾貝爾獎，例如 1946 年進入劍橋的肯祖魯，1948 年加入的克里克，以及 1951 年以訪問學者身分到劍橋的華森。

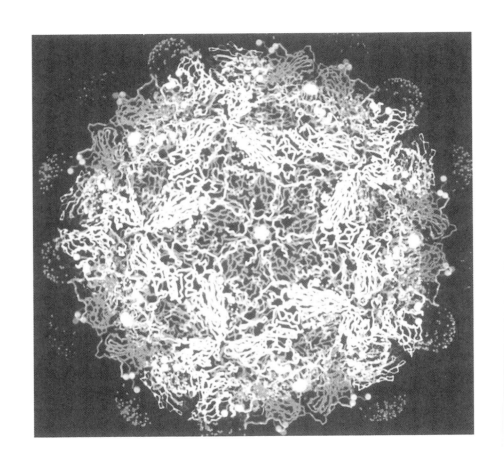

▲ 圖 4.10

圖中顯示口蹄疫病毒極端複雜的構造，這個結構是在 1989 年推導出來的。

這個病毒包含超過三十幾萬個原子，雖然無法區分個別原子，但整體的形狀和結構特性都很明顯。

這個病毒有五重（五邊形）對稱。〔此圖由牛津大學的史都華（David Stuart）提供。〕

▲ 圖 4.11

謝克特曼和同仁於 1984 年研究鋁錳合金，得到的 X 射線繞射圖樣。

這個圖樣看起來像是晶體材料，因為它含有清楚的繞射尖峰。但是它卻有遭「禁止」的十重對稱：注意它最內圈的十個亮點。這種合金是準晶。（照片由法國維特里化學冶金研究中心格拉第亞士提供）。

性質。所以在這種情形下就顯示，這種合金是十重對稱的晶體（或者可能是五重對稱）。也就是說，把晶體晶格旋轉五分之一圈（72度）後，會回到原來的模樣。

標準局的研究人員幾乎不必靠他們在結晶學上累積的經驗來判斷，也馬上就知道這種晶體是不可能存在的。這個繞射圖樣看起來與其他無數的晶體材料所產生的一樣，然而事實上，這是對有千年歷史的幾何學打了一個耳光。

在這個後量子力學、後相對論的世界裡，科學家的經驗是，沒有什麼事是理所當然的。但是有一個原則好像攻不破，就是晶體晶格的嚴格對稱限制。

三重、四重、六重的對稱很常見，但其他如五重、八重、十重、或十二重等，是絕對遭「禁止」的。嘗試在空間上構築五重對稱的晶格，是注定要失敗的。這跟有沒有創造力無關，而是數學上證明這是不可能的。

以二維推斷三維

在二維（平面）晶格上很容易看出這個道理，在二維平面上要呈現重複且規律出現的五重對稱，可以簡化成用圖樣規律的五重對稱磁磚（如五邊形）來覆蓋一平面。

三重、四重及六重的磁磚，分別是等邊三角形、正方形及六邊形，它們統統都可以邊靠邊緊緊相貼，擺滿整個平面而不留空隙（圖4.12）。

雖然我們確實可以把五邊形以邊對邊相接，排滿平面，但很

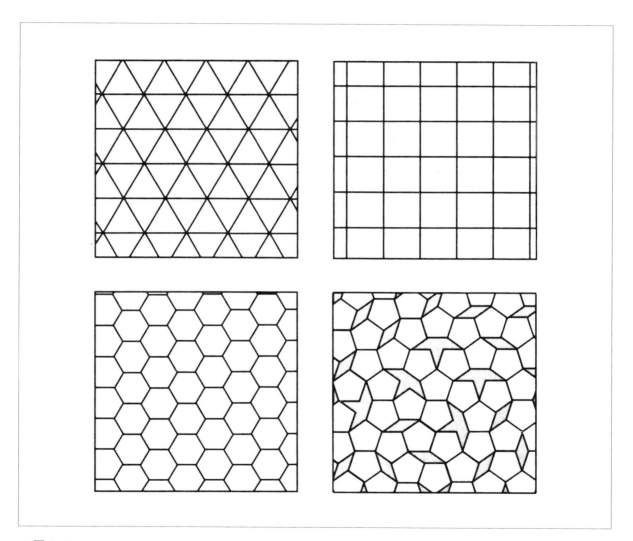

▲ 圖 4.12

三角形、正方形及六邊形的磁磚，很容易適當的堆排成週期性排列，填滿整個二維平面。但如果五邊形磁磚就辦不到，貼滿五邊形磁磚的平面處處可見間隙，可能找不到重複的單位晶胞。

快就會發現五邊形之間，一定會產生間隙。不過，也許這些間隙不會有影響？也許它們會呈週期性的方式出現？

不可能就是不可能

但情況並非如此。

如果允許一些空隙產生，我們是可以把大部分的空間都填滿，但卻無法使五邊形的磁磚和空隙，呈現出規則性的重複。換句話說，五重磁磚不像三重、四重或六重的磁磚，它沒有單位晶胞。（這個問題，如果不想看磁磚的排列，而要看二維原子晶格，你可以想像磁磚的每一個角落，各代表一個原子的位置。）

在隨後的討論中，為了方便起見，我多半是以二維晶格來說明，因為在二維平面得到的結論，也一樣適用於三維空間，所以我們可以不必費力想像三維的情況。也就是說，在三維空間中，我們可以同樣把原子堆疊成三重、四重及六重對稱，但是不可能有五重對稱週期性的堆疊。

立方晶格是完美的立方堆疊，從立方體的對角線來看，不只很容易看出四重對稱，也很容易看到三重對稱。但是十二面體和二十面體這兩個有五重對稱的規則多面體（圖4.13），不可能在三維

圖4.13 ▶
在三維空間中，立方體可以毫無間隙的緊密堆疊，產生具有三重與四重對稱的規律晶格。但圖示的這兩種具有五重對稱的規則多面體（十二面體與二十面體），卻做不到無間隙緊密堆疊，所以沒有五重對稱的規律晶格。

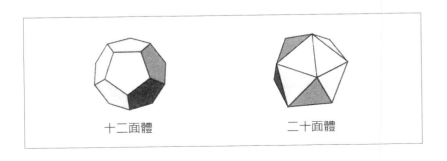

十二面體　　　　二十面體

空間中，毫無間隙的堆疊起來，這跟五邊形磁磚無法填滿平面的情況完全一樣。

準晶出現

不是晶體也不是非晶體

美國國家標準局研究小組製造出的鋁錳合金與其他很多的金屬合金，都不可能是真正的晶體，因為它們的繞射圖樣都呈現遭禁止的五重、八重、十重及十二重對稱。

真正的晶體要有真正的單位晶胞，而這些晶胞在材料中不斷重複。但是，呈現五重、八重、十重及十二重對稱的晶體，它們的組成原子的位置並沒有在長距離之外還出現規律性。具有此類對稱的晶體，在幾何學上是絕對不允許的。

但事實上在某些情形下，這些固體顯現的繞射尖峰都很明顯清晰，頗像是完美的晶體產生的，而不像是非晶固體模糊的樣式。也就是說，它們應該是具有某些晶體特性，所以才會對反射的 X 射線產生干涉。這些合金看起來既不是晶體，也不全然是非晶的，所以就稱為「準晶」（quasicrystal）。

小原子簇偏好二十面體

謝克特曼團隊造出來的鋁錳合金，顯現出二十面體的對稱，也就是它的結構擁有六個軸，每一個軸有五重的旋轉對稱。換句話說沿著這六個軸轉五分之一圈，就會重現原有結構。

早在這些實驗進行以前，就有人預見具有二十面對稱的小型原子堆疊。

1952 年，英國布里斯托大學的法蘭克（Charles Frank, 1911-1998）提出看法：把液體冷卻到它的凝固點以下，就可能形成具有二十面體對稱的原子簇。（如果冷卻過程很小心的話，稍微「過冷」*幾度，仍可能可以保持液態。）

在小的原子簇中，確實是偏好二十面體的堆疊，因為它讓每一個原子平均來說有較多數目的鄰居，因此原子間的交互作用就比四重或六重對稱來得好（見圖 4.14）。

冷卻速度是關鍵

液體凝固時，假如冷卻速度太快，使原子來不及配置成晶體結構，這些過冷液體的原子級結構仍然可以維持。

但是在 1970 年代的快速冷卻實驗只能做到，這種二十面體對稱也許真的可以在固體的局部區域出現，但是大範圍的結構並沒有規律性。

所謂過冷（supercooling），是指液態物質快速冷卻至凝固點以下仍不固化，或氣態物質快速冷卻至凝結點以下仍不液化的現象。這類現象並不穩定，些許的擾動或雜質侵入，都會導致液化或固化發生。

圖 4.14 ▶
在過冷的液體中，原子可以形成具有二十面體對稱的小原子簇。當液體最後凝固時，這些原子簇會保持無序狀態，有如玻璃的結構。

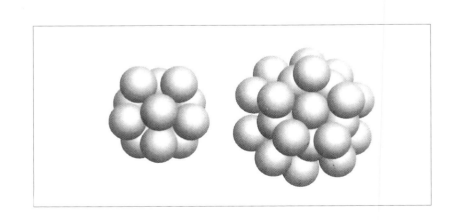

也就是說，液體凝固成無序的玻璃狀態時，雖然含有小的二十面體原子簇，但呈現的面向大致是雜亂的。這些「二十面體的玻璃」產生的繞射圖樣完全沒有明顯的尖峰，不會出現五重對稱的訊號。

國家標準局研究小組的實驗雖然也是用快速冷卻，卻與以前的快速冷卻不同，他們使用的冷卻速率遠超過用來產生二十面體玻璃的速率。這就是實驗成功與否的關鍵所在。

五重貼磚的藝術

雖然準晶沒有單位晶胞，但是仍可呈現某種以五重對稱為主的長程有序（long-range order）結構。什麼樣的原子配置會產生這種性質？尋找這個答案並不太費時：這是理論與實驗交會的幸運時刻，在國家標準局研究小組得到令人迷惑的十重對稱繞射圖樣的時候，破解這個問題的工具早已存在。

藝術家著墨多

在兩千多年前，希臘數學家就研究過二維和三維晶格及貼磚的對稱性質，想當然耳，到了 20 世紀後半葉，我們對這些性質已有更深入的瞭解。不過，對貼磚圖樣的某些有趣探討，是來自設計家與藝術家，而不是數學家。

二維對稱圖樣和摩爾族☆建築師和設計師向來的中心思想很相近，他們的想法有點畢達哥拉斯學派●的味道，覺得這類圖樣呈現出一種神聖完美。

☆
摩爾族（Moorish），並非指某一特定族群，而是泛指北非摩洛哥人或北非的回族。

▲ 圖 4.15

摩爾族藝術家喜愛五重和十重對稱的幾何圖案。

摩爾人的建築物，牆壁都用極複雜的幾何圖案來裝飾（見左頁圖4.15），座落於西班牙南部格拉那達的阿朗布拉宮◆就是一例。摩爾設計家不只受美學理想激發，更重要的是，他們受實際生活條件的壓抑，必須寄情於抽象設計；雖然回教習俗並不是真正禁止描述生活情形，但他們對此的確相當不喜歡。

艾雪也插一腳

藝術家艾雪♣的作品，引介了非科學家瞭解二維貼磚技巧，他的創作動機，也不是只是追求美感而已。艾雪的畫作表現出空間和型式的轉換，次頁的圖4.16顯現出互相連結的鳥群、排成螺旋狀並以等比級數漸漸縮小的蜥蜴。

因為艾雪也是陶藝家，所以對貼磚很有興趣。他雖然受到回教貼磚圖樣的影響，但也繼續獨自發現很多數學法則，瞭解如何用對稱形狀填滿平面空間。

他雖然知道純數學家波利亞（George Polya, 1887-1985，匈牙利裔美籍數學家與數學教育家）與希斯（Heinrich Heesch, 1906-1995，德國數學家）對此領域頗有研究，但寧願用自己的方法探索這個主題。之後他發現只有17類對稱性質的設計，可以單獨重複擺置在平面上，但如果相同形狀的貼磚可用不同顏色來區別，則數目會增至46種。

後來在1960年代，艾雪發現他於第二次世界大戰納粹占領荷蘭期間，在恐怖氣氛下進行的研究，受到了結晶學家的承認。艾雪過世後不久，數學物理學家潘洛斯■想出許多種貼磚的方法，如果艾雪地下有知，一定會喜歡這些方法的。

● 畢達哥拉斯學派（Pythagorean），是由數學家畢達哥拉斯所創立，因為發源地在義大利南部的希臘城市，所以也稱為義大利學派，是相當注重數理思索的學派。

◆ 阿朗布拉宮（Alhambra palace），阿拉伯文原意是「紅堡」，建於1238-1358年。回教徒曾在西班牙建立摩爾王朝，阿朗布拉宮是摩爾王朝留下來最重要的遺跡。

♣ 艾雪（Maurits C. Escher, 1898-1972）荷蘭畫家，以創造空間幻覺的畫作和重複的幾何圖案著稱。

■ 潘洛斯（Roger Penrose, 1931-），英國英國牛津大學數學教授，相對論及量子力學專家，曾在1988年與霍金（Stephen

圖 4.16 ▶
艾雪的設計顯示出,他完全
洞察貼磚圖樣中,對稱條件
產生的限制。
(圖片經艾雪基金會同意使
用。)

Hawking）同獲頗負盛名的沃爾夫物理獎（Wolf Prize）。潘洛斯也是認知科學專家與知名的科普作家。

潘洛斯發揚光大

　　潘洛斯是戰後著迷於艾雪作品的科學家之一。但是他探索的貼磚法，只是以相同的貼磚填滿平面，並不具有長程有序的結構。

　　他發現要達成這個目標，只要利用兩種菱形貼磚就成了。菱形可以想成是壓扁的正方形，所以每一個角的角度不再是直角。潘洛斯使用的菱形，是兩兩相連的五邊形間隙形成的形狀，所以這些菱形可以組合成五重與十重對稱的物件（見次頁的圖4.17）。

　　不過跟五邊形不同的是，潘洛斯的貼磚可以緊密填滿平面。然而，產生的圖樣並不會出現重複的單位晶胞。如果把兩個菱形貼磚隨意配置，是無法完成「潘洛斯拼貼」的，得要按照嚴格的規則才行。我們可以想像每種貼磚的邊緣，都有一個或兩個箭號（圖4.17），而在每次加上新貼磚時，要使箭號都指向同一個方向。

奇異的比率

　　只要瞧一眼潘洛斯拼貼，就會發現它還滿獨特的。

　　它具有幾種常見的五重與十重對稱，但都不會固定重複出現；它還有另一種奇怪的特性，但要仔細看才會發現：在非常大範圍的貼磚排列，胖菱形和瘦菱形的比率總會大致固定，約等於1.62。

　　在無窮大的貼磚圖樣中，兩種菱形也總會正好呈固定比率，但是這個值並不能正確寫出來。這個比率是一個數值，像圓周率 π 一樣，小數點後面有一系列不重複且永無止盡的數字。這種數稱為「無理數」。

　　簡單的分數，像是 1/2 或 1/3，可以寫成兩個整數的比，稱為

「有理數」：它們的小數點後面要不是位數有限，就是有重複的數列（1/2 ＝ 0.5, 1/3 ＝ 0.3333……）。雖然我們可以計算 π 到小數點後的百萬位（實際上的確有人用電腦辦到），也不能預測之後接哪個數。

出現黃金平均數

潘洛斯的貼磚，胖菱形和瘦菱形的貼磚數量的比率，算到小數點後 3 位是 1.618；更精確的說，它等於根號 5 的一半：$\sqrt{5}/2$。這個數就是所謂的「黃金平均數」（golden mean）；它出乎意料的

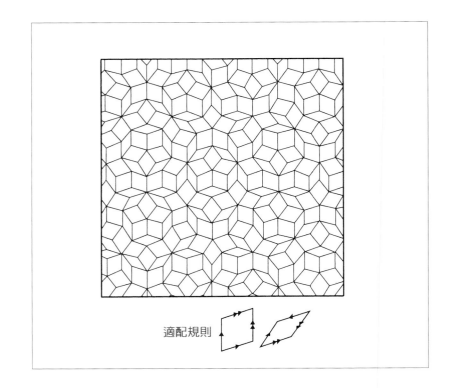

圖 4.17 ▶
潘洛斯研究出的貼磚排圖，是用兩種菱形緊密填滿平面，而且沒有規律的重複模式，也就是沒有單位晶胞。不過，還是可以發現某些形狀會重複出現，造成五重或十重的對稱。貼磚的圖樣完全受隔鄰瓷磚之間的「適配規則」支配：相連接邊緣的箭頭必須適配。

適配規則

出現在幾個數學事件中，就像是 π 會出現在與圓的幾何性質可能毫不相干的情況中一樣。

潘洛斯是在 1970 年代，對五重貼磚進行探索。在 1982 年，倫敦大學伯貝克學院的馬凱（Alan Mackay）算出，若是在潘洛斯貼磚的頂點都擺上原子，這個原子陣列的繞射圖樣會是什麼模樣。

理論領先實驗

這種二維「準晶格」的繞射圖樣，是十重對稱的點陣列。我在這兒提醒一下，這比美國國家專利局研究小組實驗觀測到這種繞射圖樣，還早了兩年。

但是以「人工」把原子擺在潘洛斯晶格上是一回事，當時不管是馬凱或其他任何人，都根本不知道在三維立體空間下，眞實原子的確能以嚴格的適配條件，進行這種複雜的配置。

1984 年，德國杜賓根大學的克拉瑪（Peter Kramer）和磊里（Reinhardt Neri）與美國賓州大學的李凡（Don Levine）和史坦哈特（Paul Steinhardt，現已轉至普林斯頓大學）兩個團隊，分別成功的把潘洛斯二維的貼磚結構擴充成三維。

由二維再推向三維

也就在這一年，謝克特曼團隊發表了鋁錳合金的繞射圖樣。李凡和史坦哈特立刻找到謝克特曼發現的實驗結果與自己研究的關連之處，提出合金三維結構的潘洛斯貼磚一般化模式。

三維貼磚的基本組塊是立體版的菱形，稱爲「菱面體」，看起

來像是切割過的立方體（圖4.18）。

同樣的，只要一組瘦的和胖的菱面體，就可以緊密填滿三維空間，相鄰的邊之間也顯現出適配規則。我們可以從得到的結構，找到具有二十面體對稱的目標；並且同樣的，瘦、胖菱面體的數量比率也與黃金平均數有關。

如果我們把原子放在菱面體的每一個角上，以這種原子配置計算出來的繞射圖樣，就會與準晶合金進行 X 光繞射得到的圖樣完全一致。

尋找單位晶胞

因此，只要根據適配規則，以「人工」堆疊兩種貼磚或組塊，就可以產生二維或三維的潘洛斯貼磚。不過，這些規則只適用於局部區域，所以不知道潘洛斯貼磚如何產生晶體般的長程有序結構，而這種結構似乎是產生清晰繞射尖峰的必要條件。

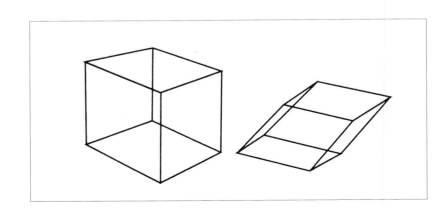

圖 4.18 ▶
立體版的潘洛斯貼磚，可以想成是用兩種菱面體當作基本組塊。

從一維著手

但是潘洛斯貼磚也可用另一種方法產生，而且這種方法點出了潘洛斯貼磚與真正晶體間的關係。要具體呈現這種排法，最省力的做法是從一維的準晶著手。

一維的固體可以想成是沿直線排列的連串原子。以晶體來說，原子的配置會有重複出現的規律：其中最簡單的情形為，相鄰原子都呈等距。在這種結構中，單位晶胞只含 1 個原子。一維的非晶固體呈不規則的排列，相鄰原子的距離長短不一。

從週期性的二維晶格上切出一小片，就可以得到一維晶體（次頁的圖 4.19a）。不過，從與這一片平行但位置稍不同的地方切出的薄片，卻可能不含任何原子。

投影法奏效

所以要得到一維晶體，更普遍的做法是在二維晶體上，取一條包含各種不同原子的寬帶，然後把原子投影到一維的線上，也就是對著這條寬帶的某一個邊做投影（圖 4.19b）。

如此得到的一維晶體，性質只受寬帶通過二維晶格的角度影響；寬帶以不同角度通過二維晶格，產生的一維晶體的單位晶胞也會不同。

乍看之下，似乎寬帶以任何角度擺置，都可能產生週期性一維原子配置。其實不然。事實上，有無限多個角度都不會產生一維晶體。要產生週期性一維晶體，寬帶的斜率一定要是有理數。如果斜率是無理數時，如黃金平均數，產生的圖樣就會是「準週期性」（quasiperiodic）的，換句話說，會是一維準晶。

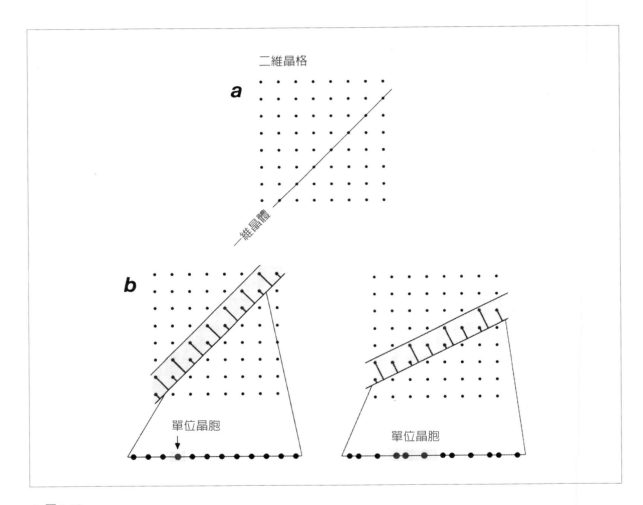

▲ 圖 4.19

a. 一維晶體就是，排成直線的原子以固定模式不斷重複；在最簡單的一維晶體中，原子間隔是等距的。只要「切割」二維晶格，就可以得到這種晶體。

b. 為避免一刀下去卻完全捉不到原子，我們可以換個方法進行，改成在二維晶體上畫出一條寬帶，再把整條寬帶上的晶格，全數投影到直線上。用這種方法產生的一維晶體，性質取決於寬帶在二維晶體上的角度。

一維準晶看起來是什麼樣子？通過正方形晶格的寬帶，如果斜率等於黃金平均數，就會得到排成直線陣列的原子，原子間距忽長忽短（圖4.20）。這與一維晶體明顯不同，一維晶體相鄰的原子間距可以很規律，可以很也隨機（一維的玻璃）。然而一維準晶的長間距與短間距並不是規則交替出現的，一維準晶的結構沒有週期性，但還是比非晶的玻璃有序多了。

由高維產生

更高維的準晶也可以用同樣的方法產生，也就是從比它再高一維的週期性晶格上，切取一條寬帶進行投影。要產生二維的準週期性貼磚，就割取一塊三維立方晶格的薄板，使其斜率等於無理數，把它投影到一平面，即可形成它的圖樣（見次頁圖4.21）。

而三維的潘洛斯準晶（如克拉瑪、聶里、李凡及史坦哈特所處理的那些），是從一條週期性的六維晶格投影到三維得到的（如果你繪製六維晶體有困難，改用數學來處理會比較放心）。知道這種準晶與真正晶體之間的關係，對於沒有單位晶格的材料而會有銳明的繞射點，也許會使我們感覺到寬心一點。

投影真的行嗎？

另一方面，它也可能不是這樣子的。總之，也許我們一心把準晶看做是高維完美晶體的一種「投影」，然而入射的 X 射線怎麼能有辦法辨識出，它與完美結晶度之間隱藏的關係？

這種「投影」模式好像不足以產生相長及相消的干涉，因為這需要一層層規律間隔的晶格平面才行；然而一維準晶中可能不存在這種週期性的疊層，因為這意味必須存在「長程有序」結構才

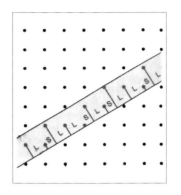

▲ 圖4.20
在二維週期性晶格上取一條寬帶，把寬帶內含的點投影到直線上，只要寬帶的角度是無理數，就可以產生一維準晶。本圖中的準晶，原子間距長短不一，而且長短之間並沒有任何規則模式。

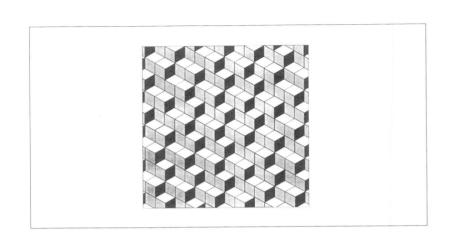

圖 4.21 ▶
二維的準週期性貼磚產生的方法，是將一塊三維立方晶格的薄板投影到一平面上。在這兒所顯示的投影是用立方體的堆疊來表現，利用陰影來表現出二維的菱形圖樣與隱含的三維立方晶格之間的關係。

行，這是準晶所不具備的。要解答這個問題，就要靠準晶擁有的特性——週期性的「準平面」（quasiplane）。

準列與準平面

用胖和瘦菱形組成的二維潘洛斯貼磚，可以對這個現象做清楚的說明。隨機選擇一塊貼磚，並選定其中一個邊，只要其他貼磚有一個邊平行於所選的貼磚的這個邊，就把這些貼磚統統用灰色標示出來（事實上，因為每一個菱形有兩對平行邊，所以這些相適配的邊會成對出現）。

我們會發現標示出的貼磚，並不是雜亂無章的，而是形成連續列的模式，其中稍有彎扭而不全然平直，大致上仍保持平行，並有均勻的間隔（圖 4.22）。

我們隨機選出的菱形，有五種可能的方向，因此可以形成五

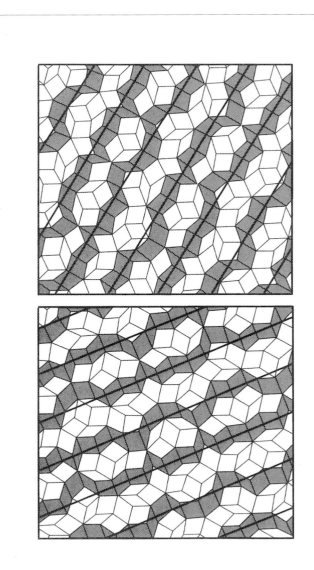

◀ 圖 4.22
在這兒的潘洛斯貼磚有五個「準平面」。從這些準平面的繞射，會產生五重對稱的圖樣。此處顯示了兩種在二維潘洛斯貼磚中相類似的「準列」。粗線表示準列的平均方向。

組平行的「準列」。在三維的潘洛斯貼磚中，準列歪歪扭扭的，但是仍大致形成週期性的準平面。

出現準列並不表示有長程有序結構，因為把某一整列位移一個平均距離，並不會使該列與下一列完美重疊。但是這種移位將會重疊在相似的準列上，使兩者大致相似，而不至於產生偏移，轉變方向。

不平整無所謂

三維潘洛斯貼磚準晶的準平面，把 X 射線散射成五重的繞射圖案。這扭曲的準平面也許會讓我們懷疑，繞射圖樣是否會變模糊（因為它無序）；不過我們應該記得，即使在理想的晶體中，繞射平面上的原子也總是受熱振動，而一直移位，偏離它們週期性配置的位置。所以，有五重彎扭準平面的準晶，與晶體的差距並不大。

原子的位置

潘洛斯貼磚有問題

潘洛斯貼磚好像與準晶結構的問題緊密相關。但是有一些棘手的問題我一直略去不提，而這些問題使我們無法全盤瞭解這些不尋常的材料。

我們已知準晶的「晶格」可以用潘洛斯貼磚的各角來代表：把原子放在那些角落就可以得到準晶（我把「晶格」這個字括弧起來是因為，嚴格講起來晶格指的是「點的週期性配置」）。

截至目前爲止，所有發現的準晶都是至少以兩種原子所組成的合金。一般而言，這些合金的組成都可以精確的確定：我們研究得最透徹的鋁錳準晶，化學式爲 Al_4Mn 及 Al_6Mn，而其他的準晶或許形式更複雜，不過同樣也可以確定出它們的化學式，例如 Al_6Li_3Cu 與 $Al_{78}Cr_{17}Ru_5$。

原子如何達成比例？

如果原子只是隨意分布在不同的「晶格」點上，那就很難讓人明白這些精確的組成是如何維持的。爲什麼在這種情形下，物質會傾向使元素的比例保持固定呢？而且，不同種類的原子也許大小也不盡相同，忽略掉這種事實是否合理？

晶體中可找單位晶胞

以晶體來說，原子在整個晶格中如何配置，才能維持正確的總比例，是很容易瞭解的。因爲晶體中僅需要以一個單位晶胞，準確不斷的重複出現即可，而數十億個單位晶胞與單一個單位晶胞，在原子比例上，保證完全相同。

但是對於準晶來講，僅知道結構中一個小區域內，原子的配置及其正確比率，還是不夠的，因爲這個小區域無法反映整個固體的情況。至於潘洛斯貼磚模型，要使三維菱面體的貼磚上的原子，達到正確的組成，是不可能的。因爲塊狀物質中，不同型態原子的比率是有理數，而這兩種菱面體數目的比率則爲無理數。

有缺陷才能完美

　　要解決這個問題，就得使準晶產生缺陷。也就是說，不一定要使每一個菱面體，都保有特定的原子配置。例如，把通常會有原子的地方變成空位，或者在某些區域中扭曲菱面體。即使是真正的晶體，原子的週期性配置也常有缺陷，所以準晶有缺陷，也不足為奇了。

　　缺陷提供了一種機會，讓原子比率呈有理數的化合物，可以形成準週期性的「晶格」，而在正常情況下，這個比率應該是無理數。如此，才能用有原子「裝飾」的「菱面體」來敘述準晶結構。舉例來說，圖4.23有兩種二十面的菱面體的原子配置，當菱面體堆疊成帶有小部分缺陷的三維潘洛斯貼磚時，這情況自然會使準晶 $Mg_{32}(Al, Zn)_{49}$ 呈現正確的原子比例。

▼ 圖 4.23
以兩種菱面體單位晶胞，當作三維潘洛斯貼磚的堆疊單元，只要結構中容許有缺陷，就會生出繞射圖樣，其合金組成為 $Mg_{32}(Al,Zn)_{49}$。

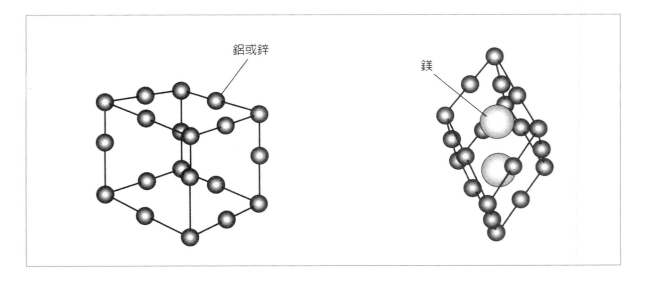

鋁或鋅

鎂

原子如何到位？

在潘洛斯貼磚的準晶模型中，原子在哪裡固然重要，但比這還重要且更困難的問題是，原子如何到達這些位置？我們在構築模型時，菱面體（角落上有原子）是以嚴格的適配規則來堆疊的，或者可從六維投影到三維的空間，一切都不成問題。

然而熔融合金中的原子在快速固化時，並不知道要遵循這些規則，也不曉得要達成這種結構；它們僅僅知道身處的局部環境中發生的事。

無法溝通

如果有兩位貼磚師傅從大廳的兩個對角開始，分別鋪貼潘洛斯式的地板磁磚。即使他們很努力的應用適配規則，當他們在大廳中間相會時，也可能發現兩人的鋪設並不互相搭配，使得磁磚的末端無法正確的銜接。

當然，如果有兩塊相當大的完美磁磚區域，中間有一些瑕疵應該沒什麼關係。但是假如大廳有五十位磁磚師傅同時施工，各鋪各的磁磚，那又會是怎樣的情況？

適配規則的問題是局部的，如果一次加上一片磁磚，我們僅需要考慮緊接的鄰居就可。但是對於大區域貼磚，想要保證成果完美的唯一方法，就是要能洞察先機，而且相距遙遠的鋪磚師傅之間，溝通要良好。

但是當準晶成長時，原子間這種長距離的「通訊」是辦不到的。事實上，快速成長的條件反而使問題更為惡化：假如鋪磚師傅

的時間有限，即使發現互相不搭配時，也沒有餘裕拆掉不相配的部分，再重鋪一次。

準晶的無序性

事實上，眞正的準晶的確會有一些顯著的無序特性，而與潘洛斯模型預測的完美準晶結構，有所出入。例如，金屬晶體和有序的合金，通常都應該是電的絕佳導體，材料結構中的無序會妨礙電流流動，產生電阻。在金屬中，晶格缺陷是生成電阻的主因。完美的準晶極像晶體，照理說應該是良好的導體，但實際上，眞正的準晶的導電性卻很差。

另外無序的固體還有一種特徵，是繞射尖峰會模糊發散。我在前面曾提到玻璃等無序材料，繞射圖樣呈模糊狀，並沒有產生尖峰。而準晶因爲缺少完美的次序，所以它的繞射尖峰有一點模糊（但很奇怪，這種模糊跟晶體因爲有缺陷或其他種無序所產生的情況，並不相同）。不過，潘洛斯模型所顯現的尖峰是相當銳明的。

與潘洛斯模型有衝突

因此，準晶結構的理想潘洛斯貼磚圖像，就產生一些難於解釋的問題：它預測的準週期性結構有一點太過完美，而且它也沒辦法解釋，原子何以遵守嚴格的適配規則，長成準晶。

因爲有這些問題，使得一些專家提出其他種準晶模型。

謝克特曼和布列克在初次發現準晶後，沒多久就認爲那些合金是由二十面體的原子簇構成的（跟法蘭克從過冷的液體中得到的類似），原子簇間的連結有些隨意，不太管是否留有空隙，也沒有受適配規則的限制。

產生新模型

　　這種觀念產生所謂的「二十面體玻璃模型」（icosahedral glass model）。這種模型的二維版本（見次頁圖4.24b）可以用五邊形貼磚排出，且貼磚間有空隙；相同的系統也可以用來產生潘洛斯貼磚（見次頁圖4.24a）。

　　很明顯的，這種模型不需要像潘洛斯貼磚那麼仔細去配置；事實上，也看不出來它會具有任何準週期性，而只是預期原子的排列結構是短程有序、但長程無序的。但是令人驚奇的是，小幅修正或微調二十面體的玻璃模型後，會出現五重或十重對稱的繞射圖樣。

　　相對於實驗結果，潘洛斯貼磚所預測的尖峰是過於銳明，而二十面體的玻璃模型預測的尖峰又太模糊，因為二十面體的玻璃模型中含有的無序比例相當高。

隨機貼磚模型登場

　　因為潘洛斯貼磚模型預測的準晶顯然太有序，而二十面體的玻璃模型又太無序，所以這中間就會出現折衷的模型，它兼有這兩種模型的要素。這種新模型稱為「隨機貼磚模型」（random tiling model），是匹茲堡的卡內基美隆大學的研究人員，以及其他人發展出來的。

　　潘洛斯貼磚模型的適配規則，可以確保貼磚間沒有亂配的情形，而二十面體的玻璃模型則不管這項。在隨機貼磚模型中，雖然沒有適配規則來管相鄰貼磚的排向，但是不論如何，亂適配和空隙總是不好的。

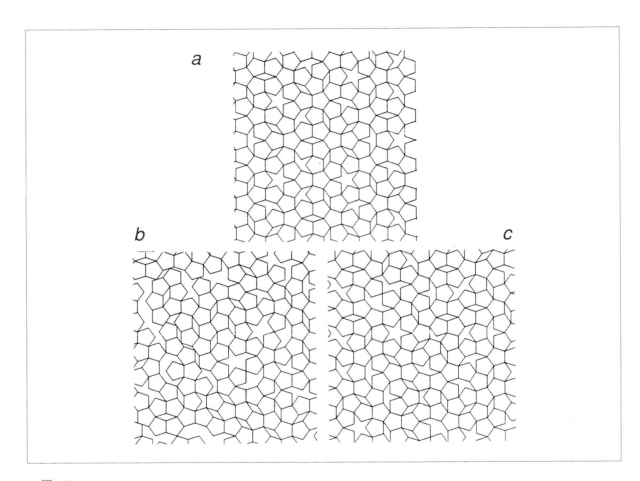

▲ 圖 4.24

準晶的三種模型。為了清楚表示三種模型的特徵，在這裡顯示的是二維的準晶。

a. 潘洛斯貼磚

b. 二十面體的玻璃模型

c. 隨機玻璃模型。

　　二十面體的玻璃模型現在看起來不像是準晶結構的可能模式，但是另外兩種則可能，只要稍微做調整，就可以說明準晶繞射圖樣的詳細特徵。〔此圖由紐約州立大學石溪分校的史蒂芬斯（Peter Stephens）提供。〕

小範圍中求完美

　　隨機貼磚模型中，控制貼磚排列不至過於凌亂的條件，與準晶成長的物理圖像還頗為一致，這些條件只用在局部，不需要神秘的長距離溝通，這種溝通好像是完美的潘洛斯貼磚才需要的。所有的材料都一樣，它們都會盡量避免產生太多缺陷。

　　準晶在生成時，其中的每一個原子都試著盡可能舒服的與它的鄰居套合，而不會去管遠處的原子在做什麼。這種模型有一種很讓人驚奇的特性，就是，即使沒有適配規則，它所預測的繞射尖峰卻可能會跟潘洛斯貼磚模型的一樣，都相當銳明。

　　不過，它很容易「調整」結構中無序部分的含量，因此尖峰的銳明與否，只要變化貼磚間的空隙大小。也因此，有可能產生與量測近似的繞射圖樣。

無序反而安定

　　任意的貼磚圖像也會有另一種讓人驚奇的特性。大多數的準晶都是快速冷卻技術製造出來的，美國國家標準局研究小組就是用這種方法來進行實驗的。他們把合金熔化，再趁它還沒排列成完美的晶體前，急速冷凍成準週期性的結構。

　　因此準晶並不是合金偏好的結構，如果原子可以活動，它們會慢慢的重新排列成有序的晶體。準晶僅是「暫時性」的穩定而已〔（技術名稱為「介穩」（metastable）〕：把它熔化後，就可以使原子流動，再慢慢冷卻就會產生晶體。

　　不過事實上，在某些情形下，隨機貼磚模型所具有的無序，可以使準晶更為安定，特別是在高溫下更是如此。這種無序甚至也

可能使準晶比一般的結晶結構更安定。

　　更令人驚奇的是，這種安定性也可以在實驗中看到。有一些新類型的準晶合金，如鋁鋅鎂合金，結構可以維持至熔點，都不會因原子可以自由活動，而重新排列成晶體。也就是說，成長成這種物質不再需要把熔融的合金快速的冷卻，冷卻速度可以較爲緩慢，讓「理想」的準晶長成像晶體般的形狀。在大塊的材料中，很明顯的可保持五重對稱的原子結構（圖4.25）。

研究趨於平淡

　　準晶由一開始因美國國家標準局研究小組的發現而引起轟動，在這方面研究漸漸普遍後，也失去了新鮮感。這些材料的確代表新的、意想不到的固體類別，但是我們現在對它們的結構和性質，已經有相當的瞭解。畢竟，它們並沒有迫使我們放棄珍愛的對稱概念。現在很多研究集中在探討這種不平常的結構，對它本身的性質有什麼影響，如電導度或磁性等。然而仍有一些準晶狂熱人士，希望準晶能在材料應用方面，產生利基。

　　不過，準晶的發現最讓人興奮的，大概是它導致科學界對五重對稱物件有了新的評價，而且影響的層面很廣，遍及濾過性病毒到花的形狀，甚至到流體近於渦流的流動模式（見第238頁的圖4.26）。

　　5不再是一個有忌諱的數目！

▲ 圖 4.25

具有熱力學穩定性的準晶，可以用比「介穩」還慢的速度長成大的「偽晶」（pseudo-crystal）。偽晶的形狀反映了，這些原子結構可以有不受容許的對稱。在此圖中，偽晶具有十二面體的形狀。〔此圖由日本東北大學的平賀賢二（Kenji Hiraga）提供。〕

圖 4.26 ▶
五重對稱在自然界中並非如
當初所想像,那麼不常見。
在這裡顯示的圖樣,是流體
流動接近渦流前的流動線。
〔此圖由紐約大學的扎斯拉夫
斯基(G. Zaslavsky)提供。〕

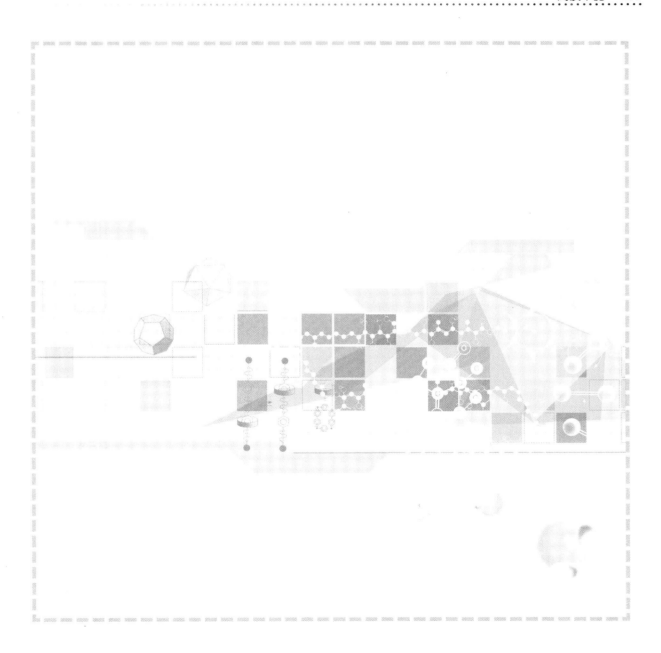

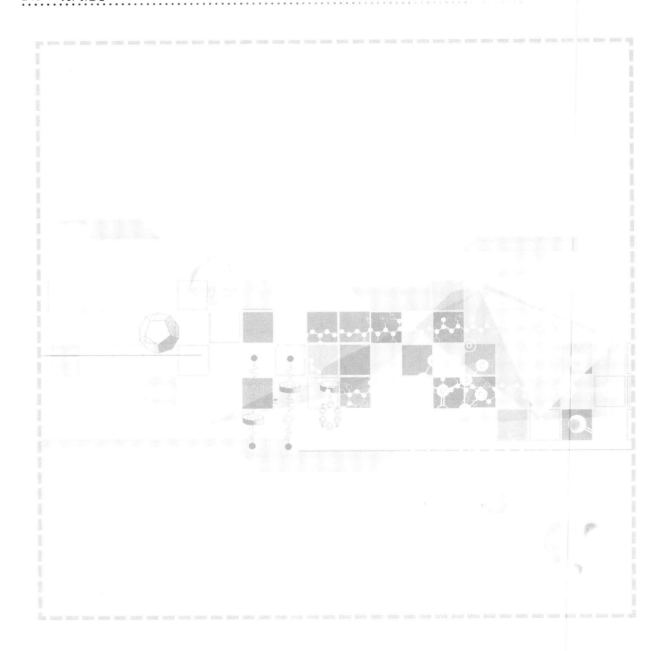

改變人類生活最巨的科學

超導體、半導體、磁體、晶體……
這些凝體，生活周遭已無所不在

凝體 Everywhere

錢卓斯卡 著　蔡信行 譯

■定價 300元　■書號 WS014

　　凝體涵蓋固體和液體——兩者的原子都很緊密的堆疊在一起。凝體物理學不僅是二十世紀的知識大成就之一，也已經廣泛應用到我們的日常生活中。例如它可以解釋：為什麼銅線可以彎折，玻璃一敲就碎？為什麼金屬湯匙容易燙手，塑膠湯匙卻不會？為什麼琉璃可以透光、黃金是黃澄澄的、紅寶石卻泛紅光？半導體為什麼叫「半導」？磁鐵為什麼吸得了鐵釘，吸不住鋁門框？超導體又為什麼不具電阻？

　　舉凡彈性、熱性質、光學性質、電性、磁性、超導性，都可以透過凝體物理學來一窺究竟。研發具有特殊性質的新材料，也必須以這門學問為基石。

小分子，大奧秘

看清分子的祕密，
就能揭開奈米科技的面紗！
了解分子，就能解答大自然中所有的謎題。

看不見的分子──大自然與實驗室的生化奈米世界

鮑爾　著　周慧中　譯　牟中原　審訂

■定價 240元　■書號 CS082

　　什麼是奈米？一奈米是百萬分之一毫米，也就是10^{-9}公尺。

　　奈米也就是測量分子所用的尺度，像水之類的小分子，寬度大概只有一奈米的十分之一。而所謂的奈米科技是處理奈米尺度物品的技術，在製造這類物品時，科學家多半採取了「從下而上」（bottom up），也就是從分子著手的方式。

　　本書探究細微不可見的分子所扮演的各種角色，從生命的組成DNA到提供能量的ATP，以及早已存在自然界的奈米科技，讓你了解分子，進入生化奈米世界。

話題，就從
固特異先生說起

這些日常生活中到處可見的軟物質，
雖不如固體規矩，
可也不像液體、氣體那般散漫！

固、特、異的軟物質

熱納、巴竇 著　郭兆林、周念縈 譯　歐陽鐘燦、牟中原 審訂

■定價 220元　■書號 WS006

　「軟物質」是1991年諾貝爾物理獎得主熱納發明的新名詞，用來形容液晶、聚合物、複分子、膠體、界面活性劑等具有奇異特性的物質。這些物質的研究領域，已經橫跨物理、化學、生物，甚至現代數學。

　本書介紹了「軟物質」世界中，天然橡膠的微觀視界、聚合物在水中的魔術效應、墨汁中添加膠質的真正原因、液晶顯示器的原理、物質表面與液體的交互作用、肥皂泡的神秘特性……。

　千萬別在這裡尋找方程式，因為本書只想傳達一種新的科學理念，啟發您追求科學的熱情。

當今物理學界
的超級任務

超對稱提供了一扇窗,幫我們從自身的
「大世界」看到弦論的「小世界」。

超對稱——科學大師系列 (16)

凱恩 著　郭兆林、周念縈 譯

■定價 260元　■書號 CS116

　　物理學的疆界正在改變中。現在,科學家不但問世界「如何」(how) 運作,還會問「為什麼」(why) 世界是如此運作的。

　　愛因斯坦在二十世紀初問「為什麼」,但是直到最近十年來,問「為什麼」才成為粒子物理學的常態研究。

　　在回答「宇宙為什麼如此運作」的理論中,建立在十一維世界的弦論是最具企圖心的,而弦論預測:大自然應該是超對稱的!

國家圖書館出版品預行編目資料

現代化學. I, 改變中的傳統概念／鮑爾(Philip Ball)著 ;
　蔡信行譯. —— 第一版. ——臺北市 : 天下遠見出版 ;
　[台北縣三重市] : 大和圖書書報股份有限公司總經銷,
　2003[民92]
　面 ; 公分. —— (科學天地 ; 53)
　譯自 : Designing the molecular world :
　　　　chemistry at the frontier
　ISBN 986-417-225-5(平裝)
　1. 化學

　340　　　　　　　　　　　　　　　92021007

典藏天下文化叢書的 **5** 種方法

1. 網路訂購
歡迎全球讀者上網訂購，最快速、方便、安全的選擇
天下文化書坊 www.bookzone.com.tw

2. 請至鄰近各大書局選購

3. 團體訂購，另享優惠
請洽讀者服務專線 (02) 2662-0012 或 (02) 2517-3688 分機 904
單次訂購超過新台幣一萬元，台北市享有專人送書服務。

4. 加入天下遠見讀書俱樂部
■ 到專屬網站 rs.bookzone.com.tw 登錄「會員邀請書」
■ 到郵局劃撥 帳號：19581543 戶名：天下遠見出版股份有限公司
　(請在劃撥單通訊處註明會員身分證字號、姓名、電話和地址)

5. 親至天下遠見文化事業群專屬書店「93巷 · 人文空間」選購
地址：台北市松江路93巷2號1樓　電話：(02)2509-5085

現代化學 I ——改變中的傳統概念

原　　著／鮑爾
譯　　者／蔡信行
顧 問 群／林和、牟中原、李國偉、周成功
系列主編／林榮崧
責任編輯／林文珠
特約美編／黃淑英
封面設計／江儀玲
圖片修改／邱意惠

出版者／天下遠見出版股份有限公司
創辦人／高希均、王力行
遠見・天下文化・事業群　總裁／高希均
事業群發行人／CEO／王力行
出版事業部總編輯／許耀雲
版權暨國際合作開發協理／張茂芸
法律顧問／理律法律事務所陳長文律師　　　　著作權顧問／魏啓翔律師
社　　址／台北市 104 松江路 93 巷 1 號 2 樓
讀者服務專線／（02）2662-0012　傳真／（02）2662-0007；2662-0009
電子信箱／cwpc@cwgv.com.tw
直接郵撥帳號／1326703-6 號　天下遠見出版股份有限公司

製 版 廠／凱立國際資訊股份有限公司
印 刷 廠／盈昌印刷有限公司
裝 訂 廠／台興印刷裝訂股份有限公司
登 記 證／局版台業字第 2517 號
總 經 銷／大和書報圖書股份有限公司　電話／（02）8990-2588
出版日期／2003 年 12 月 15 日第一版
　　　　　2009 年 7 月 5 日第一版第 6 次印行
定　　價／340 元
原著書名／Designing the Molecular World：Chemistry at the Frontier
by Philip Ball

ISBN: 986-417-225-5（英文版 ISBN:061-000-58-1）
書號：WS053

BOOK 天下文化書坊　http://www.bookzone.com.tw